AF391228

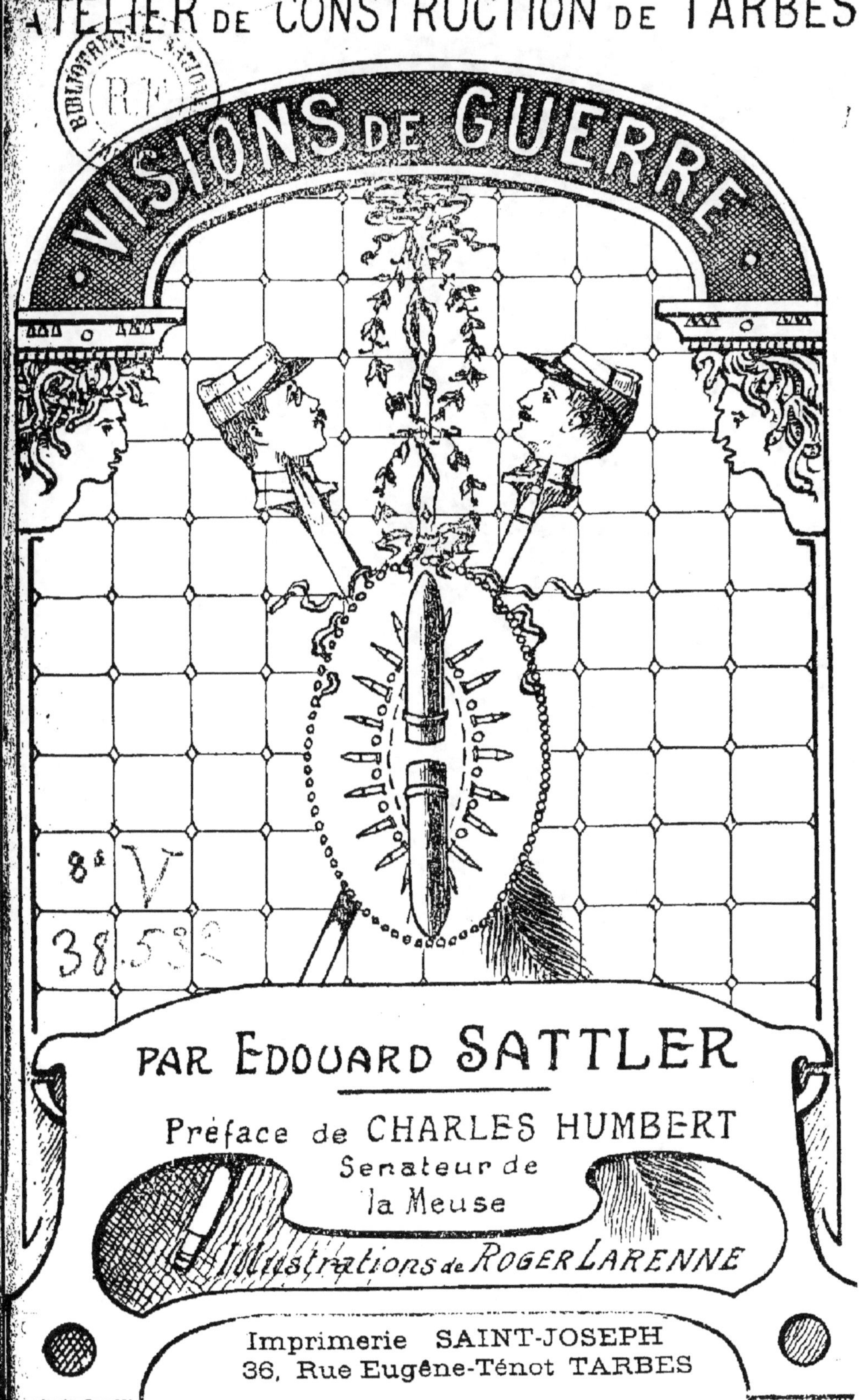

VISIONS DE GUERRE

PAR Edouard SATTLER

Préface de CHARLES HUMBERT
Sénateur de la Meuse

Illustrations de ROGER LARENNE

Imprimerie SAINT-JOSEPH
36, Rue Eugène-Ténot TARBES

Edouard SATTLER

Visions de Guerre

INTRODUCTION DE

M. Maurice BARRÈS,

de l'Académie Française

PRÉFACE DE

M. Joseph DENAIS,

Député de Paris,
membre de la Commission de contrôle
des Usines de Guerre

AVANT-PROPOS DE

M. Charles HUMBERT,

Sénateur de la Meuse,

A Monsieur Charles **HUMBERT**

Sénateur de la Meuse

à qui l'on doit ces avertissements répétés qui ont eu pour résultat de diriger tout l'effort industriel vers les exigences de la bataille.

A Monsieur le Colonel **ROBLIN**

Directeur de l'Arsenal de Tarbes

l'âme et la cheville ouvrière de l'Atelier de Construction.

En témoignage de reconnaissance et d'admiration de leurs travaux et de leur tenacité.

Ed. **SATTLER.**

Janvier 1915

INTRODUCTION

Visions de Guerre ! Qu'on ne s'attende pas à trouver ici une description de cette vie de la tranchée que les lettres de nos soldats, les récits des permissionnaires ont rendue presque familière à tous les Français. Les *Visions de Guerre* de M. Edouard Sattler n'ont rien de sanglant. On y chercherait en vain l'atmosphère héroïque de la ligne de bataille, ou les spectacles effroyables des villages brûlés, des villes bombardées, des horreurs de l'invasion. Mais ce n'est pas uniquement aux avant-postes qu'on peut avoir des visions de guerre, c'est par toute la France, car il n'est pas un coin de notre pays, si retiré soit-il, où l'on ne sente la guerre. C'est toute la France qui travaille d'un même cœur à bouter l'Allemand hors du territoire.

Ceux de l'avant ont la tâche la plus rude, la plus pénible, la plus héroïque, et aussi la plus glorieuse. Mais il est à l'arrière des besognes plus humbles, et plus modestes, qui ne sont pas moins utiles au salut commun. L'ouvrier dans l'usine, comme le soldat dans la tranchée, collabore à la grande œuvre nationale, et nous savons aujourd'hui, tous nos chefs nous l'affirment, que si la vaillance des uns n'était pas servie par le labeur des autres, elle serait inutile. C'est ce labeur que M. Sattler a eu l'heureuse idée de nous décrire.

Après avoir vaillamment fait son devoir de soldat, il a été détaché à l'arsenal de Tarbes. C'est la vie fièvreuse de l'usine de guerre qu'il nous dépeint avec la précision et l'éclat d'un homme qui l'a vécue lui-même.

Des canons ! des munitions ! a-t-on demandé de toutes parts quand on s'est rendu compte du rôle capital que joue l'artillerie dans cette guerre. Personne qui ne sentit la nécessité de faire un effort industriel égal à notre effort militaire. Mais alors que la France entière avait en ses soldats et dans leurs chefs la confiance la plus absolue, les manques qu'il avait constatés dans notre préparation matérielle à la guerre inclinaient le public à douter que l'on fît à temps tout le nécessaire pour approvisionner nos armées en artillerie lourde, en munitions, en engins de tranchées. Il craignait les bureaux, l'ingérence de la politique; il craignait cette désorganisation, ce laisser-aller que nous nous sommes souvent reprochés à nous-mêmes; il craignait par-dessus tout que cette incurie administrative, cette paperasserie, qui sont de graves défauts du régime, ne vinssent entraver l'effort des bonnes volontés. Devant l'ennemi, sous l'empire de la nécessité, ce don d'improvisation qui corrige dans une certaine mesure notre penchant à l'insouciance a souvent sauvé la situation, mais allait-il suffire dans cette tâche purement industrielle ? La mobilisation des usines pourrait-elle fournir à temps à nos soldats les canons et les munitions dont ils avaient besoin. C'est ce qu'on s'est demandé avec anxiété. L'ascendant qu'a pris notre artillerie ces derniers mois rassure les pessimistes. Les *Visions de Guerre* de M. Edouard Sattler nous montrent comment en pleine guerre nous avons pu ainsi nous préparer à la guerre.

Dans ces pages d'un accent vif et vivant,

il nous décrit le zèle intelligent des chefs,
la bonne volonté des ouvriers, l'espèce
d'allégresse patriotique qui anime tout le
monde de l'usine guerrière. Il nous montre
que là aussi règne cette abnégation, cet
esprit de sacrifice, cet esprit d'initiative
individuelle qui, dans la victorieuse armée
de la Marne, a suppléé à l'insuffisance de
notre préparation. C'est un précieux témoignage que je me fais une joie d'enre-
gistrer. Il affirme, avec l'éloquence précise
du fait, la communion de pensée qu'il y a
entre les Français qui travaillent, et les
Français qui se battent.

Maurice BARRÈS,
de l'Académie Française.

15 Janvier 1916

PRÉFACE

CHAMBRE
DES
DÉPUTÉS

Paris, le 15 janvier 1916

Mon cher Sattler,

Vous avez eu la pensée confraternelle de me communiquer les pages vivantes et alertes que vous avez consacrées à l'Arsenal de Tarbes. Permettez-moi de vous dire que vous devez les mettre à la disposition de tous les Français, de toutes les Françaises : il n'est discours qui vaille cette réalité..... Et votre talent consiste à présenter cette réalité dans tout son relief, dans toute sa puissance singulièrement impressionnante.

Vous avez été au front. Vous savez quel rôle le matériel et les munitions jouent dans la guerre moderne. Vous avez raison de dire que jamais nous n'aurons trop de canons ni d'obus, trop de crapouillots ou trop de grenades.

Hélas ! nous ne nous en doutions pas avant la guerre. — Ou plutôt, si quelques-uns, comme vous et moi, s'en doutaient et le disaient, le plus grand nombre demeurait aveugle et sourd. On ne voulait pas voir le formidable effort allemand parce qu'il eût fallu, pour y répondre, renoncer tout de suite à certains errements politiques et pratiquer cette « Union sacrée », sans laquelle la France, au lendemain de la guerre comme pendant la guerre même, ne saurait remporter les victoires nécessaires.

Il a fallu la fulgurante lumière des événements pour déssiller les yeux.

Aujourd'hui tout le monde a vu, tout le monde a compris la nécessité de l'effort. Vous montrez à merveille quels admirables résultats obtient notre ténacité.

Vos « Visions de Guerre » demeureront un témoignage précieux de l'activité française.

Je souhaite et j'espère qu'elles emporteront une heureuse conséquence pour les destinées de la patrie : les bons, les vaillants ouvriers de nos usines de guerre sauront dorénavant que les théories décevantes sur les limitations du rendement de la main-d'œuvre étaient « un gaz asphyxiant » de provenance boche; ils sauront que le maximum d'effort est indispensable pour la prospérité économique de la France, et donc pour le bonheur de chacun de nous.

Vienne la paix, ces idées, ces constatations auront une valeur immense pour la régénération de notre magnifique pays.

Dès maintenant, elles sont les auxiliaires de la victoire, et la collaboration de l'arrière avec le front nous assure, croyez-le, dans un délai maintenant très proche, de magnifiques succès.

Tarbes aura le droit d'en revendiquer sa part.

Croyez-moi, mon cher Sattler, bien cordialement à vous.

Joseph DENAIS,
Député de Paris.

AVANT-PROPOS

L'artillerie, dans les récents combats de Champagne et d'Artois, a vraiment parlé en maîtresse.

Rapports officiels, comptes-rendus particuliers, récits de prisonniers, correspondances de combattants, s'accordent à dire son rôle formidable. Les documents recueillis sur les morts attestent la démoralisation où le tir intensif de nos canons avait plongé nos ennemis; les mots d' « enfer », de « cataclysme », de « tremblement de terre » y reviennent à chaque instant.

De plus en plus, il apparaît que l'élément essentiel, primordial, dans le combat moderne, c'est le feu.

Lorsque j'ai parlé, il y a sept mois, de cette tempête de 700.000 obus qui a ouvert les voies à la ruée allemande en Galicie, ce chiffre a paru fantastique. Aujourd'hui, il paraît peu de chose, en comparaison des déluges de projectiles déversés en Champagne.

L'intensité du feu : voilà de quoi dépend

le sort des batailles. Toutes les règles de la tactique peuvent être reléguées dans les contes de grand'mère.

Des chefs de notre armée, des officiers, mes anciens camarades, ne cessent de m'écrire pour insister toujours plus fortement sur cette vérité dont l'évidence ne sera jamais assez éblouissante. Ils me supplient de poursuivre ma campagne. « Le succès est au bout, s'écrient-ils ; mais que le pays sache bien que ce qui a été fait jusqu'à présent n'est pour ainsi dire rien auprès de ce qui reste à faire ! »

C'est vrai. La débauche des munitions devra atteindre des proportions plus formidables encore. Pour y faire face, pour maintenir la puissance de notre artillerie soumise ainsi à une énorme usure, la production de nos usines doit être très fortement accrue.

M. Albert Thomas déclarait naguère que le programme en cours, après avoir paru démesurément exagéré, allait se trouver tout juste suffisant. Ce programme, que j'aurais déjà souhaité plus ample lorsqu'il a été adopté, je le trouve maintenant, moi, tout à fait insuffisant. Le sous-secrétaire d'Etat, dont j'apprécie l'activité, sait d'ailleurs que j'ai raison. Il faut immédiatement établir des prévisions nouvelles, considérablement augmentées, et passer à l'exécution.

Une dévorante fièvre de travail doit secouer le pays. Je vois, comme dans le célèbre décret de la Convention, un rôle assigné, dans l'immense tâche nationale, aux hommes, aux vieillards, aux femmes, aux enfants. Pas une main, pas un cerveau ne doivent restés inutilisés dans cette France qui lutte pour sa vie. Et une autorité vigoureuse, mettant chacun à sa place, maintenant chacun dans son devoir, doit animer cette immense ruche du souffle d'une énergie infatigable.

Pour exécuter ce programme nouveau, ce programme définitif de la victoire, il faut de la main-d'œuvre. A la mine, au haut fourneau, au tour, au laminoir, au laboratoire, il faut des hommes, des ouvriers connaissant leur métier, des spécialistes capables de former des apprentis et des aides que l'on recruteradans toute la population masculine et féminine.

CHARLES HUMBERT
Sénateur de la Meuse

LE GARDIEN-CHEF DE L'ARSENAL

a une consigne très sévère puisque, par ordre du Ministre
il est interdit au Directeur d'introduire dans les usines,
toute personne qui ne serait pas munie d'une autorisation
ministérielle. Cette mesure s'applique même aux officiers
en tenue,

Visions de Guerre

par Édouard SATTLER.

Le général de Maud'huy, qui commande sur notre front la VIIe armée, a adressé aux ouvriers des usines la lettre suivante :

Camarades,

On dit que vous travaillez jour et nuit pour nous envoyer des canons et obus.

Bravo et merci ! Vous sauverez ainsi la vie de beaucoup de vos frères et nous aurons plus vite la victoire.

Hardi ! Travaillez dur. Nous taperons dur. Vive la France !

DE MAUD'HUY.

Les camarades ont compris et, d'un bout à l'autre du pays, on travaille ferme pour que nos soldats puissent taper dur,

Partout l'effort est gigantesque. Hommes, machines, production, tout est décuplé. La masse des projectiles s'amoncelle en pyramides, et dans de vastes hangars des caisses remplies d'engins, étiquetées, soudées, prêtes à partir pour le front s'étagent jusqu'aux sommets.

Partout où il y a des usines et même là où il n'y en a pas, on fabrique sans trêve ni repos, à satiété, à profusion pour nous, pour nos alliés, pour la Victoire !

La guerre commence à l'usine et se manifeste également dans la fureur de l'ouvrier, dans la rage d'activité de leur dirigeant : chacun a sa tâche ; l'un et l'autre ont conscience d'être soldats, de combattre pour la patrie. Remercions-les de leur courage, félicitons-nous d'avoir à la tête de cette armée pacifique d'artisans de guerre un chef, je veux nommer le sous-secrétaire d'Etat, M. Albert Thomas, qui, par la hardiesse de ses initiatives et la tenacité de ses réalisations, s'est fait le préparateur de la victoire ; car elle est certaine, sinon prochaine.

Ayons donc confiance. Quand une nation est capable, comme la France, d'un effort qui, en un an, lui permet de rejoindre l'Allemagne dans la préparation guerrière de 44 années, il fallait avoir foi dans sa destinée.

*
* *

A l'abri des shrapnells et des zeppelins le Midi chante, mais aussi le Midi travaille. Dans son île du Ramier, au milieu d'exquises frondaisons, Toulouse confectionne des bombes, des cartouches et de la poudre.

Tarbes, au pied des Pyrénées qui l'encerclent d'une chaîne de pics neigeux, bleus et roses tous les soirs, Tarbes est le plus puissant pourvoyeur de notre artillerie. Plus loin, calme, propre et blanche, la cité du roi Henri vibre d'un continuel bourdonnement. Guêpes terribles et monstrueuses, au-dessus des champs de genêts et de jonquilles du Béarn, portant sous leurs élytres la cocarde tricolore, des escadrilles d'avions font leurs rondes d'école.....

Et, plus loin encore, c'est Bayonne, dont les quais populeux de l'Adour voient un fourmillement d'hommes et de ballots ; c'est Biarritz coquette au bord de la Côte-d'argent aux roches toujours parées d'anémones et de panaches de tamaris .....

Sur la jetée, les béquillards devisent en regardant l'horizon uniformément bleu. Ils se traînent sur la pla ,si différente de celle de cet hiver près de Westende ou de Nieuport, et brunes filles leur sourient. Elles pensent au fiancé qui se bat là-bas comme un lion,

car le soldat basque, pelotari né, n'a
point son pareil pour lancer la grenade
avec la même force, la même adresse et
le même sang-froid qu'il lançait la pelo-
te, l'an passé, aux frontons d'Anguilera
ou de Cambo.

Le soir venu, chacun raconte son histoire. La même fermeté se lit sur tous
les visages, celui du père endeuillé comme celui du père qui a reçu des nouvelles le jour même. « On les aura ». Puis
ce sont des anecdotes, toujours de même nature, toujours sur le même thè-
me, comme les légendes populaires et
les chansons de gestes.

La cohorte des moissonneurs écoute
avec recueillement ces nouvelles quasi
officielles.

En riant, ils rentrent au village, où
les attendent la lettre du front, le com-
muniqué du jour affiché à la mairie et
l'inébranlable confiance que soutient,
comme un emblême, le faisceau des
drapeaux alliés qui, sur la porte, cla-
que au vent du soir.

Avant de rentrer dans les ateliers,
écoutons les paroles prononcées par
M. Albert Thomas, sous-secrétaire d'E-
tat de l'artillerie et des munitions, lorsqu'il rendit visite aux ouvriers des usines de guerre.

L'USINE DE GUERRE ET L'UNION DES CLASSES

M. Albert Thomas harangue les ouvriers : « La victoire, leur dit-il, est là qui pl[ane] au-dessus de nous, dans la fumée qui remplit cette vallée. C'est sur vous, camarades, [que] nous comptons pour la vouloir, pour la saisir. »

M. ALBERT THOMAS FÉLICITE LES OUVRIERS REVENUS DU FRONT
ET DÉCORÉS DE LA CROIX DE GUERRE

Sur deux lignes étaient rangés des nombreux ouvriers qui ont vaillamment conquis le droit d'agrafer, sur leur bourgeron de toile, la croix de guerre. Le colonel Rimailho prit place au milieu d'eux, à leur tête, comme leur digne chef et M. Albert Thomas salua de quelques phrases martiales ces hommes qui sont aujourd'hui l'élite de l'usine après avoir été, un temps, l'élite de leurs régiments. Se remémorant à propos une parole évangélique, le mot du Christ aux apôtres : Vous êtes le sel de la terre », il exhorta ses auditeurs à être le « sel de l'usine », et à multiplier avec entrain les munitions et les matériels que le général en chef attend ; ce fut une émouvante journée, où l'on sentit l'active communion des énergies pour le bien de la Patrie. (Cliché de « l'Illustration » — Dessin d'après nature de Lucien Jonas.)

Le député socialiste devenu ministre exhorta au travail

Passage supprimé par la Censure

Et il ne leur dit point seulement qu'ils devaient accomplir méthodiquement leur tâche ; il leur montra que le devoir est de peiner « jusqu'à la maladie, jusqu'à la mort », et sa voix sonore fit retentir l'armature géante des machines de cette adjuration du poëte : « Si tu ne donnes aussi ta vie, sache que tu n'as rien donné. »

Ils l'ont écouté, ces rudes hommes à la face noire, au front suant ; ils l'ont écouté et l'ont applaudi. A celui qui les conviait à souffrir sans se plaindre, ils ont répondu par leur silence ému et par leurs acclamations : « Nous souffrirons ». Il faudrait que l'Allemagne tout entière vît et entendît cela. Il faudrait que le monde entier le sût, pour connaître la vertu de la France. Après les épisodes héroïques des combats du front, les scènes qui eurent pour cadre les usines de guerre du Creusot, de Saint-Chamond, de Saint-Etienne complètent notre histoire nationale. Dans les manuels scolaires où nos neveux apprendront l'Histoire de France, il sera honnête et sage de rappeler le discours que M. Albert Thomas prononça dans ces usines.

Devenus hommes, les enfants de demain sauront qu'il y a une limite, que le Français ne saurait franchir, à l'audace des idées et de l'égoïsme humain. Là, ainsi que de l'ordre du jour qui précéda la victoire de la Marne, ainsi que du « Jusqu'au bout ! » qui retentit sur la France entière en septembre, ils se souviendront de cette parole que M. Albert Thomas, ministre socialiste, lança aux soldats-forgerons :

— .... Votre devoir est de travailler juqu'à la maladie, jusqu'à la mort !

Et maintenant revenons, si vous le voulez bien, à Tarbes, et puisque M. Albert Thomas a organisé une visite de journalistes dans les principales usines de guerre, afin de permettre aux représentants de la presse française de se rendre compte de l'activité des établissements travaillant pour la défense nationale, pénétrons dans les ateliers militaires de construction que, communément, on désigne sous le nom de : l'ARSENAL.

Puisque toute précision m'est interdite, je me bornerai à dire que le nombre des ouvriers a considérablement augmenté. Toute la production qui n'était pas destinée à la guerre a été suspendue, et l'on a utilisé ingénieusement à la fabrication de telle ou telle pièce les appareils qui avaient, antérieurement, un autre emploi. La seule consigne est de produire. Théories, procédés, systèmes divers, tout se confond. Les théoriciens ont fait l'union sacrée de l'action. Ce qu'ils se proposent, c'est de ne pas laisser un instrument, un emplacement, une source d'énergie inutilisés. Et il semble bien qu'ils y soient parvenus.

A ce propos, bien que nous croyions préférable de ne nommer ni les directeurs d'usine, ni les officiers, ni les ingénieurs qui conduisent ces entreprises et qui nous ont renseigné et guidé avec une complaisance méritoire, nous pensons ne pouvoir passer sous silence la personnalité du colonel-directeur Roblin, qui produit sur toutes les personnes qui l'approchent une impression profonde. C'est lui l'âme, la cheville ouvrière de l'Arsenal, à qui il a transfusé toute son énergie. Séduisant, vif, imagé, débordant de feu et d'intelligence, pétillant d'esprit, se mettant à la portée de ceux qui l'écoutent, le colonel Roblin est le chef aimé, respecté, écouté de l'atelier de construction de Tarbes, vaste comme un monde ....

A ses côtés, brun, la moustache fine, un peu tombante avec de légers fils blancs, la bouche large, la mâchoire carrée, le

menton finement sculpté, les chairs mo-
delées en fossettes expressives, les yeux
bruns enfoncés et luminés, le comman-

UN CHEF DE SERVICE

Celui-ci vérifie une trémie à charger les armorces.

dant Rayssé, sous-directeur administra-
tif, le seconde.

Le bras droit du colonel ? C'est le

UN BEAU FEU D'ARTIFICE   (Croquis d'après nature de Messidor)

Le spectacle de la coulée, parmi tant de spectacles qui retiennent, dans une grande usine, l'attention du visiteur, est certainement le plus grandiose, celui qui donne l'impression la plus puissante de la force que recèle en lui, dès sa naissance, le métal de guerre encore tout brûlant.

Le vaste atelier est sombre et sans lumière, on distingue mal les ouvriers qui évoluent autour des hauts-fourneaux, et on marche avec prudence sur un sol sablonneux qui pourrait recéler des embûches. Brusquement, dans le noir, un point s'éclaire. Ce n'est pas, comme on pourrait le croire, une flamme qui surgit, c'est une petite porte qui s'ouvre, en bas du fourneau, une ouverture lumineuse qui laisse apparaître une immensité blanche. Car la couleur du haut-fourneau n'est pas le rouge, mais le blanc ; le petit point s'agrandit et s'étend, il se met à couler et le blanc envahit l'ombre. On commence à distinguer le dessin des canaux dans lesquels coule la lave ; d'abord une première rigole toute droite, puis le feu gagne les divisions, prend une forme de grille et, à travers le sable réfractaire, gagne de proche en proche.

Le spectacle est beau dès son début, mais lorsque la nappe de feu est devenue grande, lorsque les mots de lac et de mer commencent à s'imposer à l'esprit, le spectacle est réellement féerique et l'on n'imagine pas pouvoir rien contempler de plus grandiose.

chef d'escadron d'artillerie Peret, sous-
directeur technique de l'arsenal, qui
fournit, en ayant l'air de jouer et de se

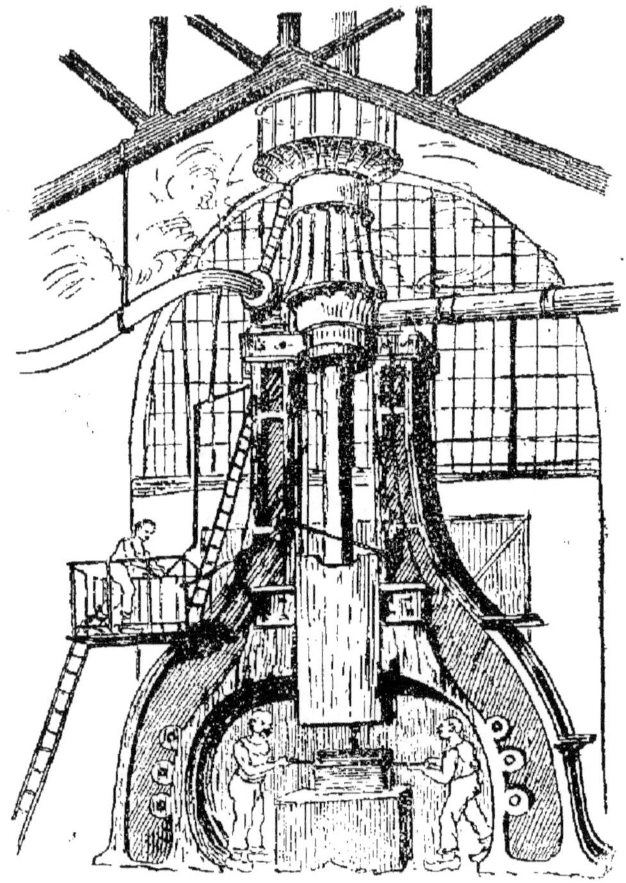

LE MARTEAU-PILON DE 150,000 kg.
qui sert au forgeage des grosses pièces.

moquer, le labeur de dix hommes.
C'est un savant ayant uniquement l'ap-
parence d'un soldat : la taille haute, le
regard clair, la voix énergique, de la

bonne humeur, de la simplicité en même temps qu'une rude franchise qu'il sait allier à une aimable courtoisie. Il nous a semblé que ses paroles, les brèves explications qu'il donne à ses subordonnés pendant le travail et qui, constamment, sont interrompues par les explosions, le jaillissement des vapeurs, les coups de marteaux-pilons, composeraient, rassemblés, un discours digne d'être écouté par tous les Français.

Il me faut aussi vous présenter l'officier d'administration principal Barral, grave et digne, précis et mesuré, avec sa courte moustache grisonnante, son uniforme de lignard sur lequel se détachent la croix d'officier de la Légion d'honneur et la médaille « d'engagé volontaire » de 1870-71. Ses gestes sont saccadés, son regard est sévère et appuyé, mais bon, ses mots sont à l'emporte-pièce et vous restent gravés dans la mémoire.

Cette présentation faite, pénétrons dans l'Arsenal où la vue d'un ouvrier qui, de tout son cœur, de toute son âme, frappe à grands coups de marteau la matière inerte vaut, à elle seule, toutes les explications savantes que l'on pourrait vous donner. Le spectacle qu'on a en arrivant le soir à Tarbes est fantastique. Aussi loin qu'on peut porter la vue, à droite et à gauche, dans la vallée, on ne voit que des cheminées en éruption. D'énormes panaches en sortent qui s'ourlent de blanc éblouissant à la lu-

LE DÉCANTEUR D'ACIDE NITRIQUE

qui sert à la préparation du fulminate de mercure.

mière crue des lunes électriques. Le bruit est effarant. Le charbon imprègne l'atmosphère ; on le respire presque avec délices quand on pense qu'il a libéré des forces nécessaires à la délivrance de la patrie.

L'atelier de construction tarbais occupe une superficie de vingt-cinq hectares. Des milliers d'ouvriers mettent en action un formidable outillage qui comprend plusieurs centaines de machines outils. Cet outillage est actionné par des machines à vapeur et à gaz d'une puissance de trois mille chevaux actionnant des installations électriques fournissant trois mille kilowats. Les usines sont sillonnées de voies ferrées, formant un réseau d'une quinzaine de kilomètres, sur lequel circulent jour et nuit locomotives et wagons.

On y fabrique avec une extraordinaire activité : notre cher petit 75 qui vit le jour au Creusot comme son grand frère le rude 105 ; les gros pères de la marine qui toussent si fort et qu'on rend maniables : un assortiment d'obusiers connus et inédits qui en remontreront aux Boches sur la question des « poids lourds». Quant aux obus, on en fabrique dans tous les coins. Toute une partie de l'Arsenal n'est qu'une vaste obuserie. Des tonnes de minerai de fer arrivent par un bout et sortent à l'autre bout sous la forme de milliers et de milliers d'obus.

Non seulement l'arsenal est un centre de production intense d'obus en acier forgé totalement usinés, d'éléments é-

LA RANÇON DE LA VICTOIRE

« Je voudrais dire aux patrons et aux ouvriers que quand ils fabriquent des obus, ils ne fabriquent pas seulement quelque chose pour tuer l'ennemi, ils fabriquent aussi quelque chose qui sauvera la vie de leurs camarades... » (Discours de LLOYD GEORGE)

(Cliché du «Rire»)

Des femmes, surtout, sont employées là aux travaux délicats du chargement des projectiles, de l'assemblage des pièces de la fusée, du « finissage » enfin, des obus et shrapnels.

Elles travaillent dans un hall énorme : mais bientôt une curiosité toute naturelle éveillée parmi le personnel, les ouvrières, comme dans un sillage, se rapprochent du sous-secrétaire d'État et se groupent peu à peu sur sa route. Elles attendent visiblement quelques paroles, sinon un discours. Monsieur Albert Thomas le devine et trouve exacte-ment les mots qu'il faut dire à ces travailleuses pour stimuler leurs courages toujours tendus. Devant ces mères, ces veuves, ces fiancées en deuil, il évoque la noble image des disparus ; il leur expose comment, de leurs mains diligentes, elles peuvent ouvrer les engins de la vengeance.

Des yeux se mouillent, des sanglots, pudiquement étouffés montent aux gorges, puis le groupe des ouvrières se disperse, et les mains qui viennent, d'un geste résolu, d'essuyer les larmes, se remettent plus ardemment à la besogne

UNE ÉMOUVANTE ALLOCUTION DE M. ALBERT THOMAS
AUX FEMMES DE L'ATELIER DE PYROTECHNIE

Dessin d'après nature de
Lucien JONAS

bauchés de canons en tubes et en manchons, mais il est encore la source abondante d'où s'écoulent, chaque jour, pour être fournies à d'autres usines, des masses de métal si énormes qu'elles représentent un nombre de projectiles suffisant pour décider du sort d'une grande bataille. Et, quotidiennement, la production s'accroît.

La population ouvrière de l'arsenal de

LE POUSSE-POUSSE

C'est lui qui charrie sans relâche les obus, placés par 100 dans des wagonnets, d'un atelier à l'autre.

Tarbes ne connaît pas un instant d'arrêt. Divisée en équipes de jour et de nuit, l'une prend la place de l'autre, quand sonne l'heure de la relève, automatiquement, sans la moindre fluctuation, sans que le tour s'arrête, sans que la forge pâlisse, sans que cesse le ronflement des forges.

Celui qui peut y pénétrer assiste à la fusion de l'acier dans des fours gigantesques, au travail des marteaux-pilons et des presses, appareils formidables dont les mouvements donnent une impression de force extraordinaire. Sous les halls immenses, dans la fumée et le feu, ces hommes qui s'agitent, pous-

LE DÉCROCHEUR D'AMORCES

sant ou traînant des blocs de matières incandescentes et étincelantes, composent un de ces tableaux grandioses que Zola se complaisait à décrire. Mais la tâche du visiteur n'étant point celle du peintre ni de l'écrivain, il faut se contenter, dans les circonstances présentes, d'essayer de donner une vue approximative de l'efficacité de tout l'effort auquel il a assisté.

Mais cette activité fébrile d'ouvriers-soldats ou ouvrières, présentant aux marteaux-pilons, offrant aux presses hydrauliques les énormes blocs d'acier rouges jusqu'à en être blancs, matière dans laquelle on taille les rudes vêtements des gros canons et les petites jaquettes des 75, comment la dépeindre ?

Entrons dans la fournaise. Nous y voyons les ouvriers à l'œuvre depuis le mouvement de la coulée de l'acier se tordant en nappes de feu dans les lingotières, au milieu d'un éclaboussement d'étincelles — spectacle impressionnant, et qui est la poésie de l'usine — jusqu'au moment où l'obus tourné, ceinturé, poli, fini, est prêt à être expédié aux arsenaux pour y être chargé.

Des milliers d'artisans de la préparation de la lutte — ils seront plus nombreux quand les constructions qui s'élèvent rapidement seront achevées — donnent à l'usine ses palpitations, entretiennent sa rauque symphonie, chacun d'eux absorbé dans sa tâche. Les uns, le torse nu, auprès de l'haleine enflammée des gigantesques presses, donnent à l'obus sa première structure ; d'autres le creusent, d'autres le plient à l'ogivage, d'autres le trempent, d'autres éprouvent sa résistance, d'autres le garnissent de sa ceinture de cuivre, d'autres le vernissent. C'est une formidable rumeur, faite des coups profonds de la presse, du ronflement des volants, du choc des projectiles incandescents sur le sol, du grondement du feu dans les cheminées qui ou-

LE CHIMISTE

Prépare les fulminates de mercure dans ces cornues.

vrent leurs gueules rouges de monstres, vomissant des éclairs.

On éprouve une impression d'effarement devant le rougeoiment des fours, le sabbat des pilons et des presses, devant ces serpents de feu traînés au moyen de pinces, au sortir d'antres fulgurants, devant ce mugissement qui s'échappe de partout, devant les gouf-

UN ATELIER DE MONTAGE DE FUSÉES

C'est avec le soin le plus attentif que sont contrôlées les munitions frabriquées dans toutes les usines du territoire, depuis le moment où elles sont mises en œuvre jusqu'à celui où elles sont reçues « bonnes pour le service ». La fabrication d'un obus entraîne de nombreuses manipulations et exige une minutieuse division de travail, dont les étapes sont rigoureusement prévues pour qu'en un temps déterminé l'obus soit complétement terminé. C'est ainsi que l'on peut prévoir à long terme le stock disponible. (Cliché

UN ATELIER D'USINAGE DES CANONS DE GROS CALIBRE

Les canons de 105 et de 75 sont fabriqués dans nos usines en plus grand nombre que jamais et dirigés sur le front aussitôt qu'ils sont sortis des ateliers. D'autres pièces encore ont été terminées, qui, déjà, sont sur la ligne de bataille. L'arrogance alle-

fres que sont les fosses de trempe pour
les gros canons. Mais peu à peu, dans
cet apparent chaos, on saisit les fonc-
tions d'un organisme minutieusement
réglé, d'un grand corps qui respire une

LE SOUDEUR AUTOGÈNE
Lui aussi a une lourde tâche journalière à remplir

vie régulière. C'est un merveilleux spectacle d'activité logiquement distribuée,
permettant de métamorphoser en obus,
en fusées, en canons de fusils, en douilles ,en tubes de canon, en boucliers de
parapets, des tonnes d'acier par semaine.

2

Au grand four de trente-cinq tonnes, la fonte de l'acier tombant dans les « poches » garnies de briques réfractaires en cascades de feu prépare une ample besogne aux ateliers de forge, de laminage,

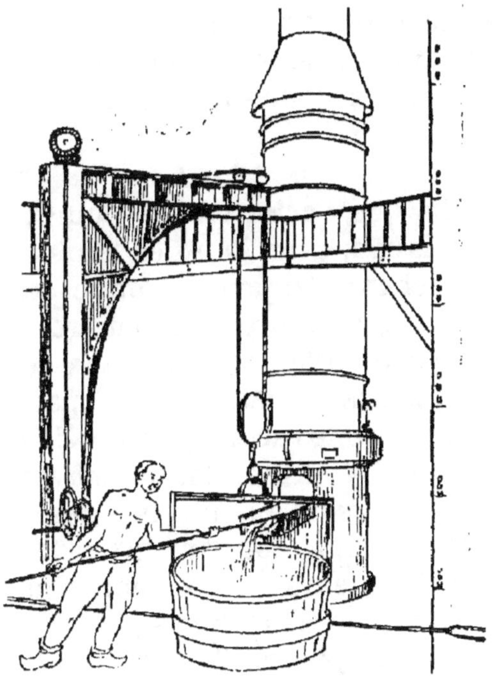

LA FUSION DE LA FONTE

A une température de 7 à 800 degrés, la fonte coule en une lave incandescente dans les cuves.

de rabotage. Ailleurs, ce sont les ateliers de réparation des pièces d'artillerie. Il en est une qui vient d'arriver, et qui dit éloquemment à quel poste de péril elle se trouve sur le front. Elle y repa-

raîtra, mais où sont ceux qui la ser-
vaient !

Il serait imprudent de publier les chiffres de production, de plus en plus pous-
sée, et, sur ce point, de la discrétion
s'impose. La Censure, du reste, ne nous
le permettrait pas, mais ces chiffres
sont faits pour donner confiance. Ils s'é-
lèvent chaque jour davantage.

Tandis que l'acier crie la douleur de
sa soumission, plus loin des tours chan-
tent un chant strident, comme des oi-
seaux ivres, en mordant le cuivre lumi-
neux de la douille ; des marteaux de toutes dimensions, manœuvrés par des
bras robustes, les accompagnent de leurs
notes tantôt sourdes, tantôt graves, aï-
gues, joyeuses ou plaintives ; des dyna-
mos ronronnent, des turbines rythment
en grondant leurs mouvements compas-
sés ; des lueurs s'allument, des fours
crachent des jets de flammes, des masses brûlantes vont, viennent, passent,
se balancent, roulent sur des chariots,
laissant derrière elles un sillage irrespi-
rable.

Il y a comme une poésie grandiose
dans les ateliers où l'acier sort des fours
rougi à blanc et si éblouissant qu'on ne
peut le regarder en face, où les pilons
formidables et les presses le malaxent

comme une cire avant qu'il ne soit re-
froidi.

Dans ces fournaises où des colosses

L'EMBOUTISSEUR D'OBUS
Dans le lopin incandescent un mandrin de presse hydrau-
lique de 150,000k   pénétre comme dans du beurre.

magnifiques frappent à tour de bras le
métal retentissant, on songe aux cyclo-
pes, on associe aux triomphes de Mars

ceux de Vulcain, on cultive un état d'âme enthousiaste, on goûte aux ivresses de la force, mais dans ces infâmes cuisines puantes on songe à l'Antre des

LE RETOUCHEUR D'OBUS

Sorcières, on se laisse aller à maudire la chimie, à regretter le temps où la foudre elle-même n'était pas encore inventée !....

Ce qui frappe dès l'abord, c'est l'air

sage et appliqué de tous ces êtres qui donnent douze heures de travail, depuis l'ouvrier énorme et gourd jusqu'au gamin habile et souple, en passant par les soldats mobilisés.

NINIE

Des femmes, munies d'un baillon, travaillent à charger les amorces de fusées.

Ils sont superbes, ces hommes, dans leur rude labeur. A dix, à quinze, ils présentent au compresseur le premier élément d'un canon de gros calibre. Un contre-maître les dirige du doigt et du sifflet. Huit mille tonnes s'abattent. La terre tremble. Le bloc se rétrécit, s'allonge, s'arrondit, laisse déjà pressentir sa forme définitive. Le torse nu, noir de poussière coagulée, luisant de transpiration, nos soldats-ouvriers oscillent sous la secousse, puis, vivement reprennent leur équilibre. Leurs muscles se gonflent, mais pas un trait de leur visage ne trahit la fatigue, ni une pensée étrangère. Ils sont entièrement à leur travail et très graves. C'est à peine si, au passage d'inconnus dont la présence contraste en ces lieux, leurs regards expriment une curiosité dédaigneuse. Dalou, et avec lui d'autres sculpteurs, ont voulu représenter le Travail, la noblesse physique de l'effort. Ils n'ont jamais rien rendu aussi bien que cette vérité.

Ici nous entrons dans le royaume du « feu à terre ». Là, pour un profane, c'est de la sorcellerie. Le feu se promène de toutes parts. D'énormes lingots incandescents circulent dans les airs, se posent devant les trains de laminoirs, sont happés, s'allongent, repassent, s'allongent encore jusqu'à devenir aussi grands et aussi minces que des poteaux télégraphiques. Progressant sur le sol, ils se dirigent tout seuls vers les scieuses qui les détaillent en petits rondins rouges, dans un éclaboussement d'étincelles. Des cylindres rouges roulent par terre, dirigés par les pinces habiles des ouvriers. Il y en a de petits, tout mignons. Ce sont les enfants : les 75. Il y en a de plus gros destinés au 220. Ils se

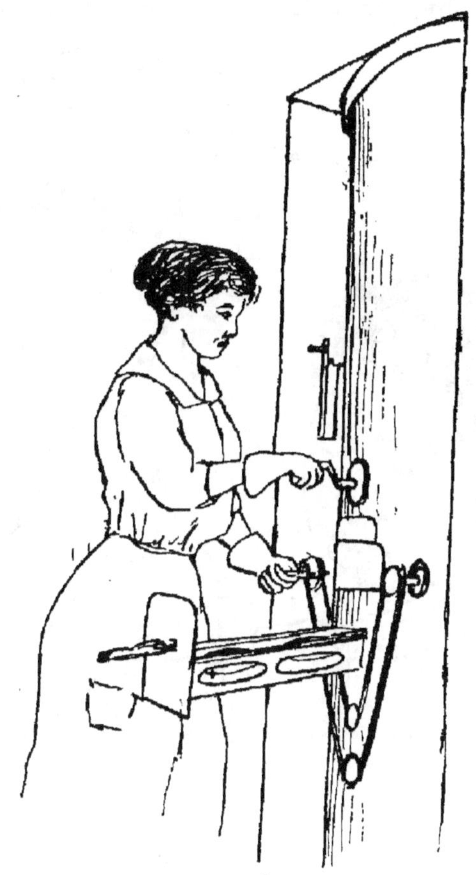

CHARGEUSE D'AMORCES

côtoient un instant, puis se quittent avec l'air de se dire au revoir.

« Au revoir » semblent se dire les obus, petits et grands, qui, nouveau-nés sortant du feu tout rouge, se frôlent,

Au revoir ! mais pas à bientôt.

Un obus, en effet, ne part pas du jour au

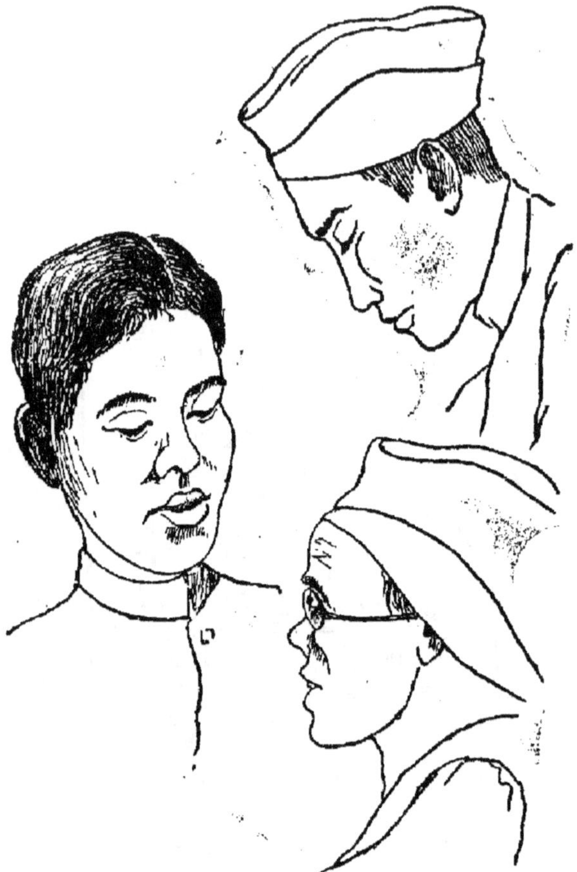

NOS AMIS LES ANNAMITES

Une petite armée d'Annamites, de Cambodgiens, de Cochinchinois et de Tonkinois professionnels travaillent à l'Arsenal. En voici quelques types.

lendemain pour le front. Le plus petit, celui de 75, demande au moins un mois de soin avant d'aller faire une bonne figure sur le champ de bataille. Les gros exigent davantage. Il leur faut passer par cinq ateliers et l'on en confectionne à Tarbes plusieurs milliers par jour tant explosifs qu'à charge arrière. Il faut aussi neuf mois pour enfanter un gros canon.

Et puisque nous parlons chiffres, men-

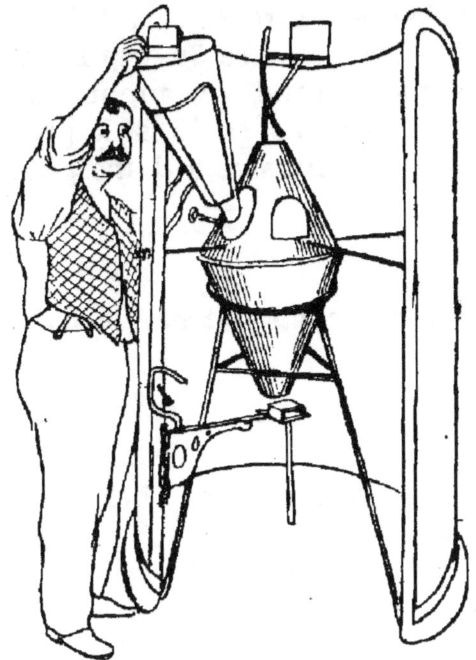

LE MÉLANGEUR DE POUDRE

tionnons que : la fabrication d'un fusil représente environ quinze cents opérations, celle d'une mitrailleuse deux mille cinq cents. Le mécanisme de notre Lebel est en effet quasi aussi compliqué qu'une montre, et il doit être aussi résis-tant qu'une massue.

Combien sort-il, par jour, d'obus de nos usines de guerre ? C'est, on le sait, un secret de la défense nationale qu'il n'est pas permis de divulguer. Ce que l'on peut dire, et ce qui donnera du moins quelque idée du travail formidable que peuvent accomplir nos grandes usines de guerre, c'est la production annuelle normale de l'une d'elles —

Passage supprimé par la Censure

En passant, entrons chez les « Canaris ».

Qu'est ce que les Canaris ?

Ce sont de braves ouvriers ainsi dénommés parce qu'ils ont la figure, les mains, leurs effets, en un mot toutes les parties de leur corps et tout ce qu'ils portent sur eux, enduits d'une couche jaune les faisant ressembler à ces hommes de bronze que l'on voit dans nos fêtes publiques statufiant tel ou tel groupe célèbre.

Ces « Canaris », dont le dénommé Peson, « Paulin » pour les dames, est le plus beau et le plus gros spécimen de la 5ᵉ division, chargent nuit et jour, avec une maestria et un brio extraordi-

LE DOYEN DES POUDRIERS

procéde au tamisage du fulminate qui sert à la charge des amorces de 90 et des fusées,

naires les obus avec une matière explosive des plus dangereuses à manipuler.

Les ouvrières rivalisent d'énergie, d'intelligence et d'endurance avec les ouvriers pour assurer la production la plus intense, non seulement sans relâche, sans faiblesse d'aucune sorte, mais, bien au contraire, en mettant leur point d'honneur à réaliser une progression constante.

LA TOUTE GRACIEUSE MARIE
Est l'une des vaillantes garnisseuses des « mains » servant à remplir les amorces.

Toutes et tous veulent être des artisans de la victoire commune, sinon au même titre, du moins avec le même élan patriotique que les combattants de première ligne.

Il faut avoir vu quel parti on a tiré

de locaux et d'outillages destinés à des objets tout différents ; il faut avoir traversé ces ateliers où l'on fabrique par

CHARGEUSE D'AMORCES

Baillonnée afin que la poudre ne lui rentre pas dans la bouche ou dans le nez, la chargeuse d'amorces travaille sans relâche.

myriades des obus et des cartouches ; il faut s'être arrêté devant les impressionnantes machines pneumatiques qui servent à l'emboutissage, avoir suivi une à une les transformations successives du bloc métallique initial, de l'état de simple rondelle à celui de douille parachevée....

L'une des opérations qui demandent le plus de soin, c'est la fabrication des étoupilles. Dans les ateliers qui lui sont réservés, ce sont presque exclusivement des femmes et des jeunes filles qui travaillent. Depuis la confection première jusqu'au chargement — qui est fort délicat — c'est la main-d'œuvre féminine qui est utilisée.

Aux femmes encore revient le découpage des bagues d'obus. Là aussi la dextérité et l'intelligence alerte de l'ouvrière française se sont adaptées avec une étonnante rapidité.

Et toutes ces ouvrières observent une attention soutenue pendant les longues heures laborieuses. Toutes savent qu'elles travaillent pour l'absent, qui fait vaillamment son devoir devant l'ennemi.

Quant aux ouvriers, que ce soient les fondeurs, dont l'existence se passe dans une fournaise, ou les tourneurs de canons et d'obus, ou encore les monteurs précis et les ajusteurs méticuleux que dirige le capitaine Cazenave qui ne ménage ni sa peine, ni son temps, qui conseille et encourage nuit et jour ses ouvriers, tous donnent le maximum de force et d'habileté dont ils sont capables.

L'atelier central qui est l'organe principal de l'Arsenal est grandiose. C'est là que s'exécutent les travaux de très haute précision, les appareils spéciaux au millième de millimètre. La grande valeur professionnelle du lieutenant Mesnard a contribué pour beaucoup au perfectionnement de ces appareils.

C'est une vision inoubliable que celle procurée par les multiples aspects de cette usine de guerre en pleine action. La guerre des usines double la guerre des tranchées. La France industrielle vibre comme une ruche immense. Et derrière les héros qui se battent, tout un peuple travaille.

Ainsi le labeur acharné des manieurs d'outils forge sans relâche les armes pour les soldats glorieux qui ouvriront le chemin de la victoire et de la liberté !

L'atelier central est pareil à une forêt avec ses courroies innombrables allant du plafond aux machines. Un train dessert l'arsenal. C'est par millions que, depuis plus de dix-huit mois, Tarbes expédie ses projectiles vers nos lignes; c'est par centaines de mille qu'elle absorbe les tonnes d'acier.

N'attendez pas de moi l'exacte descrip-

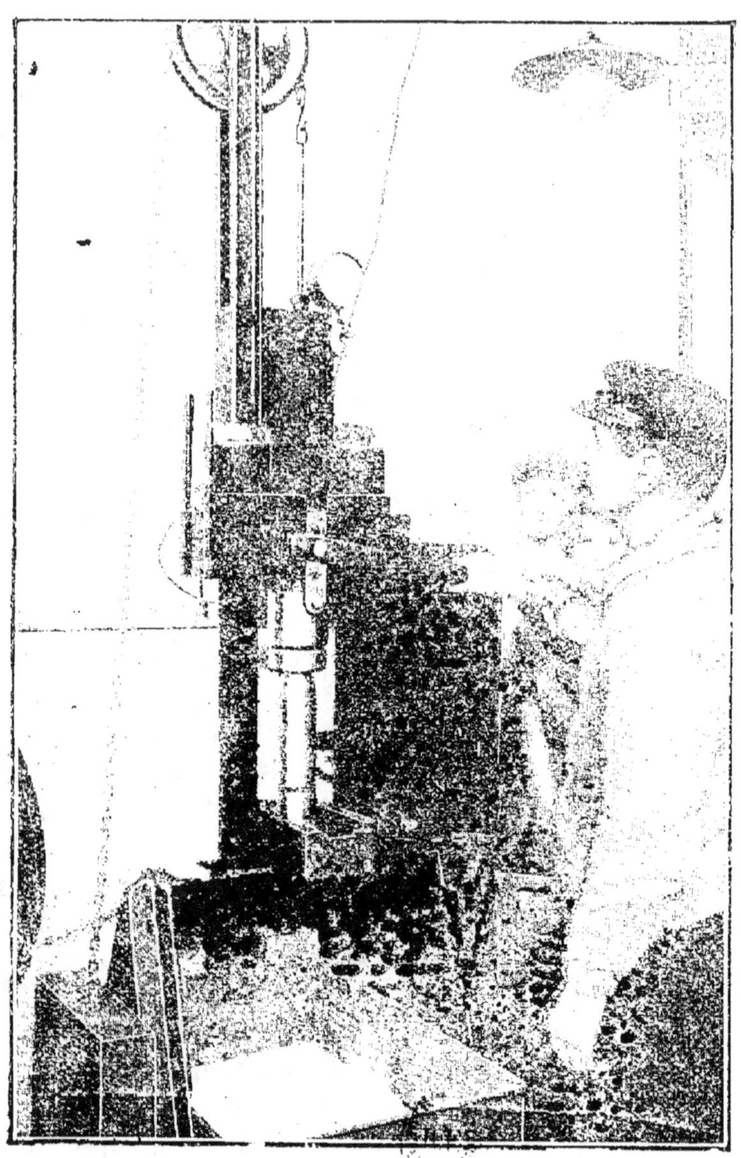

LA DERNIÈRE VÉRIFICATION DU MÉTAL DE L'OBUS

Afin de s'assurer que l'acier du futur projectile ne renferme ni paille ni fissure, on le soumet, au moyen d'un appareil hydraulique, à une pression intérieure de 1.400 kilogs par centimètre carré que l'on mesure au moyen d'un manomètre spécial. (Cliché de « La Science et la Vie »

LES OUVRIERS DÉBITENT LES RONDINS EN TRONÇONS DE 30 CM., LONGUEUR D'UN OBUS DE 75

Pour ce travail on emploie des scies à métaux mécaniques dont la lame est animée d'un mouvement alternatif analogue à celui d'une scie à main.

(Cliché de la Science et la Vie)

tion de tous les bains, de toutes les trempes, de toutes les pressions, de toutes les douches, de toutes les mesures auxquelles sont soumis les petits et gros cylindres d'acier emboutis, ogives ressemblant à des pains de sucre qui, toutes les épreuves finies, s'étagent en petites montagnes impressionnantes dans les hangars spécialement aménagés.

Ici, une raboteuse se meut en faisant un grand arc de cercle : la main d'un enfant suffit à la diriger.

Là, une équipe de soldats travaille à l'artillerie de campagne : vingt canons baillent, brillent, ont des grâces de stèles précieuses, en attendant le montage. Ce sera prêt demain. Car le travail de l'artillerie ne cesse jamais. Et l'équipe de nuit succède à l'équipe de jour.

Dans ce calme atelier clair et presque riant, de très menues choses dorées, polies, ciselées s'agitent entre les doigts féminins ; ce sont les éléments des chargeurs, des fusées, des détonateurs, véritables pièces d'horlogerie, d'une précision rigoureuse, d'un fini presque artistique. Il en entre vingt ou vingt-cinq au plus dans chaque obus. Plus loin, dans le même calme, avec la même sérénité des bandes de plomb pénètrent dans l'orifice d'une machine et retombent en petites boules, brillantes et nettes, d'une sphéricité parfaite. Ce sont les balles. Des femmes les distribuent dans le corps du projectile ; d'autres ensuite y déversent méthodiquement, après les avoir soupesés avec la scrupuleuse exactitude d'un pharmacien devant un médicament, le contenu de paquets roses... Et voici la charge de poudre, voici la mélinite, la schneidérite, les diverses matières qui, au moment de la déflagration, laisseront, autour des débris de l'obus, une jonchée de cadavres ennemis.

Plus loin ,une grande porte s'ouvre. Nous sommes dans l'aciérie et la fonderie de l'Arsenal. Le hall a cinq cents mètres de long. Les fourneaux prennent dans cette profondeur, des airs d'astres lointains, trouant l'obscurité de leurs flammes votives. L'on me montre en passant un four géant qui donne en un jet des barres d'acier de cent tonnes.

Si maintenant nous passons

Passage supprimé par la Censure

Passage supprimé par la Censure

En déambulant à travers les ateliers de forge, d'usinage, de chauffe, de contrôle où ouvriers travaillent nus jusqu'à la ceinture, c'est un spectacle féérique. Tous les chevaux-vapeur et tous les volts en disponibilité ont été mis au service de la défense nationale.

Et ce qui est d'autant plus admirable c'est qu'au début pas un ouvrier de l'usine n'était préparé à un tel travail. Chacun dut faire un apprentissage spécial. Tous y mirent une telle bonne volonté qu'en un rien de temps des spécialistes remarquables se révélèrent et, dans cette course effrenée vers la production, la toujours plus grande production, ce ne furent pas les femmes, très nombreuses à l'Arsenal — plusieurs milliers — qui arrivèrent les dernières.

L'Arsenal de Tarbes est un modèle du genre. Là, tout est immense, et, pour dire le mot , d'une magnifique monstruosité. Tout ce qui tourne et tout ce qui s'agite le fait avec des gestes titaniques et furieux. On dirait que ces masses de fer en mouvement, aux formes étranges et grimaçantes, vont se jeter les unes sur les autres et s'entre-

UN CHEF DE DÉTACHEMENT

Au quartier Reffye sont logés et nourris les soldats-ouvriers des 33, 34, 35, 37, 38, 39, 40me Territorial, des 7, 10, 19, 38, 55me d'Artillerie, des Chasseurs-alpins, des cuirassiers, du génie, voir même des Annamites de Saïgon, d'Hanoï, du Tonkin et de Cochinchine

broyer avec un fracas de cataclysme. On y respire une haleine à douze cents degrés. Des flammes grondent derrière les parois des fours et s'échappent par les interstices des portes ; elles vous soufflettent en passant ou vous pren-

UNE COULÉE DE PETITS LINGOTS

Dessin d'après nature de
Lucien JONAS

UNE FOIS TERMINÉS, LES CORPS D'OBUS SONT CONTRÔLÉS SOIGNEUSEMENT ET MESURÉS

Ce travail est confié, en majeure partie, à des femmes munies d'appareils de contrôle d'une grande précision. Puis les agents réceptionnaires du ministère de la guerre examinent à leur tour les projectiles. (Cliché de « La Science et la Vie ».)

nent à la nuque dans une étreinte diabolique; des serpents incandescents se tortillent à travers les fours.

Parmi les hommes et les œuvres circule un pont transbordeur qui porte à bout de cordes, sans bruit, une masse d'acier de cent tonnes, trois cent cinquante mille francs de métal. Les ateliers se succèdent : ici on ceinture de cuivre les 75; là, on garnit les shrapnells. Enfin on entasse dans les wagonnets toutes ces masses luisantes; on les envoie à la réception militaire; on les peint et on les embarque pour le front.

Quelle est cette série de cercles qui semblent d'or exalté et mettent de la clarté dans le noir de la galerie ? Ce sont des coussinets en bronze pour les pièces de marine. Ils gisent à côté d'une raboteuse longue de douze mètres, haute de huit. Tous les ateliers offrent un tableau d'une activité extraordinaire. Les tours et les machines-outils y sont comme entassés les uns sur les autres. Ils ronflent sans arrêt.

Qu'est ce bouclier de forme féodale, bouclier découpé pour chaque chevalier géant ? C'est le futur protecteur d'un canon, qui sera placé sur un camion automobile. A ses côtés des femmes calibrent ou marquent des projectiles. On les aurait devinées aux fleurs qui ornent leur établi et qui mettent une ironie singulière dans ces œuvres de destruction.

Partout ce sont des roulements, des heurts énormes de chaînes, des palpitations rauques, des chocs lourds, des sifflements de vapeur, des écrasements, des explosions de feu. Là-haut, dans une formidable poche de fer, des matières bouillonnent. Il s'en échappe quelque chose d'insoutenable au regard et qui fait penser à ces bolides en ignition, soleil détaché d'un soleil, dont les astronomes peuplent les espaces et que leurs livres nous représentent en images échevelées. Ici, trente-cinq tonnes d'acier en fusion coulent en une aveuglante colonne dans la cuve qui les distribuera aux moules.

C'est un feu d'artifice inouï, digne de quelque fête chez Vulcain. Et nos ouvriers-soldats restent impassibles au milieu de ce déluge ; de temps en temps, l'un d'eux, d'un revers de main, chasse de son visage quelque parcelle enflammée qui s'y est attachée, comme on ferait d'une mouche.

Et tout en cheminant à travers les ateliers et les ateliers j'ai vu à l'œuvre devant les tours et dans les forges l'armée ouvrière qui crée le matériel que dévore la guerre,

LE COULAGE DE L'ACIER

L'acier est "fait". On débouche l'ouverture du four. Le métal incandescent s'échappe en une lave de fer, qui, au milieu d'une pluie d'étincelles, se déverse dans les lingotières. C'est la "Coulée". Le spectacle est merveilleux. (Cliché de la Revue Hebdomadaire.)

BARRES OU RONDINS D'ACIER FOURNIS AUX USINES POUR LA FABRICATION DES OBUS

Ces barres rondes ont environ 3 mètres de longueur et, en moyenne, leur diamètre est de 82 millimètres

(Cliché de « La Science et la Vie »)

Ici les hauts fourneaux crachant le feu sous un ciel éternellement voilé, où la lave des coulées d'acier semble sortir d'un volcan, où la terre tremble sous le choc des marteaux-pilons....

Là, dans d'immenses constructions emplies du rythme cliquetant des fraiseuses et des tours, j'ai suivi l'évolution de la barre d'acier, roulant incandescente entre les laminoirs, passant à la perceuse, à la rayeuse et devenant canon de mitrailleuse d'où s'envoleront les obus, abeilles de la mort ; j'ai vu sous les monstrueux pilons les pièces brutes recevoir dans une poussière d'étincelles le baiser formidable de l'empreinte de la forge... Partout c'est le même éveil d'activité fiévreuse.

Venez un instant avec moi faire un tour dans le hall des canons. Il y en a de tout calibre. Le profane reste surpris devant leur nombre et leur diversité. On peut en compter une quarantaine de types, depuis le canon de campagne léger et mobile, jusqu'aux imposantes pièces de marine, longues de douze à quatorze mètres. Devant celles-ci on est obligé de s'incliner. Montées sur leur plate-forme ou sur leur affût, ce sont de redoutables monuments. Leur majesté n'a d'égale que la facilité de leur manœuvre. A la pression d'un bouton un charriot vient docilement présenter à la culasse, comme un enfant couché dans son berceau, l'énorme obus haut presque de la grandeur d'un homme. Toutes les autres phases de l'opération s'accomplissent avec la même aisance. Je n'ai pas entendu la voix de ce géant ; mais je connais celle du 75. Elle est brève, riche, comme l'aboiement d'un solide et fidèle chien de garde. Elle s'accompagne d'une lueur, d'une fumée. Pas de soubresaut, pas de recul. Les coups se précipitent avec une rare rapidité. Il n'est pas étonnant que ce brave petit canon consomme tant de munitions.

Les moyens de fabrication sont toujours les mêmes, et les usines de guerre se ressemblent, sauf qu'elles sont plus ou moins importantes. Comment se fabrique un obus ? Je vais essayer de vous en donner une idée. L'acier destiné à faire des obus est d'abord fondu, martelé, laminé en barres d'une grosseur appropriée au calibre futur, ces barres sont ensuite coupées par des machines puissantes en morceaux d'une longueur correspondante à l'obus et les cylindres d'acier ainsi obtenus sont rangés et placés dans une presse hydraulique, qui, d'un seul coup, par l'introduction d'une tige dans un moule creux les traite comme ferait votre main gauche fermée si vous y poussiez avec force l'index de votre droite pour le ganter. Le métal, comme la peau du gant, est à la fois étendu, moulé, imprimé. Le« pot de fleurs » cylindre ainsi obtenu est chauffé de nouveau par un bout ouvert, et placé dans une autre presse, qui d'un coup lui donne la forme ogivale. Après cela, ce commencement d'obus doit être tourné à froid, poli, cerclé de cuivre, gravé dans sa partie supérieure du pas de vis où doit s'adapter la fusée de laiton destinée à produire l'explosion ; que sais-je encore !...

Pour durcir les obus, on les chauffe pendant une heure, par séries de cent à deux cents, dans des fours chauffés à 850 degrés, puis on les trempe. A cet effet, on les place au rouge dans des bacs cylindriques ;l'eau arrive à la fois à l'intérieur et sur la périphérie du projectile.

Passage supprimé par la Censure

Cette modification de la dureté du métal permet d'obtenir une résistance qui correspond à des effets destructeurs terribles ; un obus en métal mou, élastique, se déchirerait simplement sans donner d'éclats nombreux et meurtriers.

La fusée, dont chaque obus est muni, est un mécanisme extraordinaire-

ment délicat, composé d'une trentaine
de petites pièces : tiges, rondelles, vis,
ressorts, etc. Tout cela, aussi bien le
récipient d'acier que son contenu, doit
être mathématiquement conforme au
modèle. Un millième de millimètre, un
millième de centigramme en plus ou
en moins, la pièce est refusée aux vérifications, qui sont innombrables.

Vous n'ignorez pas que chaque obus
doit être muni d'une douille, dans laquelle se trouve la charge destinée à le
lancer, comme la cartouche lance la
balle de fusil.

Ah ! non, ce n'est pas une chose facile
que de fabriquer des obus par milliers
et par millions !...

On peut juger de l'importance des ef-
forts accomplis, si l'on admet que chaque ouvrier produit en moyenne par
jour trois obus susceptibles d'être envoyés sur le front. Il faut donc occuper
5.000 ouvriers si l'on veut livrer 15.000
obus par journée de vingt-quatre heures.
L'une des machines-outils les mieux con-
ditionnées, que nous admirons en passant, produit une ébauche d'obus finie
toutes les quarante minutes. Un atelier
armé de cent de ces tours, desservis par
trois équipes se relayant de huit en huit
heures — c'est-à-dire tournant sans in-

UNE PRESSE DE 6000 TONNES

Cliché de la « Revue Hebdomadaire »

VÉRIFICATION DU POIDS DES OBUS DE 75

qui exige une grande attention, qui demande du soin et une main sûre.

terruption — peut donc livrer journellement 3.600 obus.

Plusieurs milliers de femmes y fabriquent aussi les types les plus divers de fusées, ces organes si complexes qui « arment » les shrapnells et obus explosifs, et dont la régularité et la sécurité de fonctionnement ont une répercussion primordiale sur la bonne utilisation des projectiles dans le combat. Des millions et des millions de petites pièces, dont certaines ne dépassent pas quelques millimètres dans toutes leurs dimensions, et pour lesquelles les tolérances de fabrication sont de l'ordre du centième ou au plus du dixième de millimètre, sont ainsi fabriquées sur les machines-outils, vérifiées une à une entre chaque opération et montées pour constituer ces engins, délicats comme des pièces d'horlogerie. Le contraste est saisissant entre le but de destruction de ceux-ci et la jeunesse et la grâce féminine des ouvrières qui les manipulent.

A quelque distance d'autres ateliers servent au chargement des projectiles en explosif : mélinite, schneidérite, trotyl, y subissent divers traitements appropriés, dans des ateliers isolés les uns des autres, et, là encore, ce sont surtout des femmes qui opèrent le chargement des redoutables obus,

Des obus on en fabrique avec intensité
et tout le personnel s'inspire de l'avis
affiché dans les ateliers :

TOUT LE TEMPS PERDU

Dans la fabrication du matériel

PROFITE A L'ENNEMI

On peut affirmer que personne, avant
l'ouverture des hostilités, n'avait pu
prévoir quelle énorme consommation
de projectiles de tous calibres entraîne-
rait l'emploi intensif de l'artillerie à tir
rapide

Passage supprimé par la Censure

Le 75 tire 20 obus à la minute ; donc,
une batterie de quatre pièces consomme environ cinq mille projectiles à
l'heure.

Un obus doit passer successivement
dans 70 à 80 mains, depuis la réception
des barres ou rondins jusqu'à la livrai-
son finale aux ateliers militaires de
chargement.

L'on tourne jour et nuit, sans arrêt,
et l'on en produira bien davantage encore quand les bâtiments en construction
seront achevés. On a accompli à l'Arsenal de véritables tours de force. Un im-

USINAGE DES GROS PROJECTILES

Avec une activité toujours croissante, l'Arsenal de Tarbes fabrique les munitions qui, sur tous les fronts, permettront de faire face aux ennemis de la paix du monde, aussi nombreux qu'ils puissent être. En outre des obus prévus pour nos redoutables 75, on accumule les formidables obus destinés aux pièces de gros calibre, qui ont déjà pris la parole dans le concert de la grande guerre. (Cliché de « La Revue Hebdomadaire ».)

TOUR-RÉVOLVER PERFECTIONNÉ PERMETTANT D'EFFECTUER PLUSIEURS OPÉRATIONS

Cette puissante machine-outil porte, sur une tourelle hexagonale inclinée, six outils différents qui accomplissent successivement un travail déterminé à l'intérieur du corps du projectile. *(Cliché de « La Science et la Vie »)*

mense bâtiment neuf a été élevé avec
une rapidité extraordinaire, et dans
quelques jours, alors que les Annami-
tes-spécialistes qui nous sont envoyés de
Saïgon seront tous à l'œuvre, alors que
les machines installées à un bout com-
menceront à produire, les soldats-ma-
çons et les soldats-vitriers achèveront
leur travail à l'autre bout. Ici on s'est
« mangé les sangs » pour que toutes ces
nouveautés n'avilissent pas la perfection
du travail.

Rien n'est impressionnant comme ces
ateliers immenses où l'ordre est merveilleux et où une véritable forêt de
courroies de transmission actionnent des
milliers et des milliers de machines-
outils, qui tournent sans interruption.

Le colonel Roblin, qui a mis toute
son âme, tout son cœur, toutes ses forces à la disposition de l'Arsenal est satisfait de son personnel.

— Notre production, nous a déclaré
un de ses éminents collaborateurs, suffit en ce moment à tous nos besoins.
Quand je dis « notre production », je
ne parle que de notre usine qui n'est
dans la France qu'une petite unité.

— Il m'est, vous le comprenez faci-
lement. interdit de vous donner des
chiffres exacts. Je le regrette d'ailleurs,
car si je pouvais vous dire exactement
ce que nous fabriquons, je verrais aussitôt votre figure s'épanouir.

Cheminons encore à travers les ateliers interminables ; partout des canons, des mortiers, des obus en état de travail, serrés par les puissantes mâchoires de machines prodigieuses ; on ne martèle plus pour forger, on presse comme une pâte molle les blocs de métal incandescent qui se détendent, s'allongent, passent et repassent en incessantes métamorphoses pour prendre une première forme grossière et provisoire. Un travail plus calme intervient alors : l'usinage sur le métal froid ; canons et obus entreprennent un long voyage à travers les ateliers jusqu'aux dernières caresses de précision ; mais, de toutes les étapes du travail, la première est un émerveillement. Quand la matière coule en fonte, les immenses fours à acier projettent à la ronde des gerbes d'étincelles. L'air brûlant, les flammes géantes, le bruit infernal, tout ici fait croire qu'on est égaré dans quelque antre titanesque. L'impression se prolonge dans la salle de trempe des gros canons, qui semblent, dans les abîmes de la fosse, comme les colonnes de temples fabuleux ; montés, ils formeront des batteries énormes qui demain sèmeront la mort et la destruction parmi nos ennemis.

Voici, à nos pieds, une scie qui débite quotidiennement par 12 heures, à la longueur voulue, des milliers de « lopins » pour obus de petits calibres. Là, tel marteau-pilon de quinze tonnes, telles presses de 70, de 100 et de 150 tonnes assurent une production prodigieuse par la quantité irréprochable.

Plus loin, nous voyons laminer des ronds pour obus de 120, forger et tréfiler, au pilon et à la presse, les obus explosifs de 75 et les shrapnells de 75, fabriquer des obus de 105, charger des douilles de 75, forger des ébauches pour jaquettes (manchons d'acier), tubes, et cylindres de recul pour canons de 75, forger les ébauches pour obus de 220, essayer à la pression de 1.400 kilogr., mesurer et contrôler des obus, finir des enveloppes de shrapnells de 75, usiner des obus de 105, tuber des canons de côte de 240,

charger des obus à balles de 75, contrôler des éléments de fusée percutante et de fusée à double effet, marquer et mettre en caisse des fusées, fabriquer des boucliers-marcheurs en tôle spéciale, couler des lingots pour obus, marteler et laminer des flottes pour camions, couler des obus en fonte aciérée, tremper à l'eau des monoblocs. Nous n'avons qu'un regret, c'est que nous ne puissions pas citer des chiffres.

Il nous sera néanmoins permis de dire qu'il faut deux cents opérations pour façonner une boîte de culasse de fusil, deux cent cinquante pour produire une boîte de culasse de mitrailleuse.

Si nos soldats-ouvriers peinent et suent, ils acceptent volontiers la lourde tâche qui leur est imposée, car ils se rendent bien compte que, comme leurs camarades du front, ils jouent leur rôle dans l'œuvre de la défense nationale ; car ce ne sont pas des « embusqués » — on peut le dire bien haut, il faut les défendre contre cette calomnie — à cette enseigne que, parmi les mobilisables, certains préfèrent les risques du front au labeur écrasant de l'usine; car les officiers, la plupart blessés, en convalescence, qui dirigent les équipes de jour et nuit, n'ont qu'un objectif : le maximum de rendement. C'est dire que, si les salaires sont avantageux, la discipline est stricte.

Ce qu'il faut dire encore, en parlant de l'énorme tâche qui s'accomplit vigoureusement, après avoir présenté tant de problèmes à résoudre, c'est le zèle, c'est — mieux que le zèle — l'entrain, l'ardeur des ouvriers de l'Arsenal. Ils sentent la grandeur de leur rôle ; il n'y a pas eu besoin de faire ap-

LE FORAGE DES TRONÇONS D'ACIER CONSTITUANT L'ÉBAUCHE DES OBUS

... une machine à percer dont le foret s'enfonce petit à petit à l'intérieur du morceau de fon-

AUTRE MOYEN DE DÉBITER LES BARRES D'ACIER

Au lieu d'employer une scie mécanique, comme on l'a vu plus haut, on peut effectuer l'opération au moyen d'un outil dit à saigner, monté sur un des petits tours ordinaires. (Cliché de « La Science et la Vie »).

pel à leur dévouement. Ils savent que l'effort de chacun d'eux correspond à une avance dans l'œuvre de libération. ✒

Nous les avons tous vus, les robustes compagnons au visage et à la poitrine noircis par le feu des forges, les ajusteurs, les mécaniciens, les éprouveurs, et les femmes aussi, employées non seulement à des vérifications, mais installées devant les tours, ou bourrant les shrapnells.

Un beau trait en passant : pour un travail qui ne souffrait aucun retard, brèche pendant soixante heures. Il fallait que ce travail, qui ne pouvait pas être interrompu, fût fait, et il le fut, chacun ne prenant, à son tour, que d'insignifiants repos. Quand on put respirer, un de ceux qui avaient accepté cette sorte de gageure dormit trente-six heures de suite, sans que rien pût le tirer de son sommeil.

On devra se souvenir de cette intelligente et patriotique bonne volonté.

Si l'Arsenal de construction tarbais est un monde, c'est aussi un hôpital, où canons et mitrailleuses viennent se reposer des fatigues de la campagne et panser leurs glorieuses blessures, avant d'aller reprendre sur le front leur terrible et salutaire besogne. Nous en avons salué en passant, que les marmites allemandes avaient bosselés, tordus, éventrés, et qui, cependant, n'ont pas dit le dernier mot : des soins attentifs, de savantes et solides réparations les remettent sur pied pour la suprême partie. Nous en avons vu aussi, d'humbles et comme mortifiés de se trouver là, qui portaient la marque ennemie — (**made in germany**). L'héroïsme de nos soldats les a fait passer des tranchées adverses entre nos mains. Ceux-là aussi sont l'objet de mille attentions. Ils reçoivent une parure et une adaptation française. Sous leur nouvel aspect, avec leurs nouveaux moyens, ils iront à leur tour parmi les nôtres, cracher la mort à ceux qui voulaient nous la donner et je me suis laissé dire que c'est surtout de ceux-là que nos poilus raffolent. Quel plaisir de se servir contre l'ennemi des armes qu'on vient de lui enlever !

Ce bref aperçu de l'Arsenal de Tarbes est forcément aride, parce que nous devons presque le réduire à une sèche énumération. Les grandes opérations métallurgiques, dans lesquelles l'acier n'apparaît qu'en ruisseaux de feu ou en masses incandescentes, le travail mécanique des machines-outils où, sous une surveillance de plus en plus réduite, des pièces compliquées sont achevées avec une précision extrême, le travail tout personnel au contraire de l'ouvrier spécialiste, artiste en son genre, dont le tour de main donne presque seul la valeur à la matière, le fourmillement des ouvriers et des ouvrières dans l'usinage en grandes séries, sont autant d'aspects ayant leur poésie brutale ou parfois un attrait captivant, et peuvent donner lieu à d'intéressantes études. Il eut été sans doute attachant de nous y arrêter, mais ce n'est point ce genre d'impressions que nous cherchions à faire naître.

Quand nous revenons à l'air libre, nous croyons sortir d'une ambiance irréelle. Mais, à la réflexion, les faits se classent. On raisonne ce qui nous a été montré et, comme il est dit au début de cet opuscule, l'impression qui subsiste est faite de grandeur et de réconfort.

Il y a quelque chose d'héroïque dans le labeur des hommes qui forgent les armes. Il faut, comme nous, les avoir vus à l'œuvre pour les estimer dignement, à leur vrai mérite.

Tous ont droit à la gratitude de la nation, du plus modeste travailleur voué à un détail de fabrication jusqu'au grand chef, M. Albert Thomas, sous-secrétaire d'Etat aux munitions, dont l'esprit d'initiative et les capacités d'organisation se sont affirmés pour le bien de la grande œuvre entreprise.

Depuis quarante-quatre ans, l'Allemagne employait toutes ses forces à la préparation de l'entreprise de brigandage qu'elle préméditait. Ce n'est pas un mince mérite de la part de la France que de pouvoir rejoindre son ennemie sur un tel terrain pendant la durée même de la guerre.

Et bien haut disons que tout ce que nos yeux ont vu est susceptible de rassurer les plus timorés; et l'on voit que le fameux « plein » de munitions, que la très juste formule : «Nous n'en aurons assez que quand nous en aurons de trop», ne sont ni une chimère, ni un rêve lointain ; que leur réalité est très-près de nous ; plus près qu'on ne le croit ; que nous en approchons chaque jour davantage, que le moment s'avance où le déluge de feu évoqué par un ministre anglais à la Chambre des communes pourra déverser enfin ses redoutables cataractes, et qu'alors ce sera dans une apothéose de mitraille et de flamme que s'accomplira l'œuvre inéluctable de la justice et de la résurrection du droit.

ANNEXE

QUELQUES
déclarations autorisées

La grosse affaire, c'est de produire. A ce besoin essentiel est due l'institution du sous-secrétariat d'Etat. Je me suis consacré tout entier à cette œuvre et n'ai pas craint de m'y initier dans les moindres détails. Nous sommes maintenant en bonne voie. Pour vous donner une idée de notre intensité de production, je vous dirai qu'un seul chapitre de l'artillerie dépense en moins de six mois plus que le budget annuel de la France entière.

Albert THOMAS,
Sous-Secrétaire d'Etat aux Munitions.

Quand nous serons en pleine possession de tous nos moyens d'action — on sait que nous et nos alliés travaillerons avec ardeur à atteindre ce but. — alors, il y aura, chez nos ennemis, un rapide affaissement, il faut que nous les submergions sous un déluge, une tempête, un cyclone de munitions ; là où trois cent mille obus n'ont pas suffi, il faut que nous puissions en dépenser un million.

Général BONNAL
Ancien directeur de l'Ecole de Guerre,

Produire et surproduire des munitions, attendre l'entrée en ligne de nouvelles troupes russes et de nouveaux contingents anglais, ménager nos hommes, organiser, en vue de l'hiver, un système de congés et de remplacements qui rende la vie militaire et la vie civile supportables ; chercher le point faible et sur ce point agir promptement et avec toutes les forces réunies : telles me paraissent être les conditions d'une victoire, d'ailleurs certaine.

G. HANOTAUX

de l'Académie Française

Les indices de victoire sont nombreux ; ce dont nous manquions, nous en sommes à présent abondamment munis : nous avons maintenant des canons et des projectiles en quantité suffisante et, à considérer les résultats que nous avons obtenus alors que nous nous trouvions dans un état de préparation médiocre, on peut conjecturer ceux que nous obtiendrons quand nous serons en possession de tous nos moyens d'attaque. Nos alliés, eux non plus, ne tarderont pas à s'assurer une supériorité matérielle ; la Russie, qui se voit obligée actuellement de céder du terrain, en regagnera plus tôt qu'on ne pense ; elle aussi s'est rendu compte de ses points faibles et travaille à les renforcer ; elle aussi remplit ses caissons et ses dépôts de munitions ; nous la verrons revenir à la charge, forte de ses réserves inépuisables et largement ravitaillée.

ADOLPHE CARNOT

Président de l'Alliance républicaine démocratique

Cliché de « Pages de Gloire »

VÉRIFICATION DU CALIBRAGE EXTÉRIEUR D'UN OBUS DE 75
qui est une des opérations essentielles et qui réclame une minutieuse précision.

La Chanson des "TOURNEURS D'OBUS"

Tournons, tournons les obus
Et bourrons-les de cheddite !
Tournons tous et tournons vite,
Plus vite qu'en autobus !

Travaillons d'un cœur honnête
Et surtout ne ressemblons
Pas à ces marionnettes
Qui font trois tours et s'en vont !

Chacun tourne, c'est notoire,
En comptant on comprend cela :
Aucun tournant de l'histoire
N'a valu ce tournant-là ?

Du Havre jusqu'à Libourne
— Comme la chanson dirait —
Voici que tout tourne, tourne,
Sans boire du vin clairet !

Dynamite et turpinite,
Tournons sans fin les obus !
Tournons sans fin les marmites !
Il en faut encore et plus !

Quand la servante accorte
Qui moud le café « session »
Son geste qui s'amplifie
Voudrait tourner de l'acier !

La couturière voisine
Rêve aussi, loin des ciseaux,
De faire de sa machine
Une émule du Creusot !

Tant de demandes affluent
Aux usines chaque jour
Qu'il faut dire à la cohue :
« Attendez ! chacun son tour ! »

Tournons tous à notre guise !
Et que d'aucun employé
Le contremaître ne dise :
« C'est un gas qu'a mal tourné ? »

Turpinite et mélinite :
Emplissons tous ces obus
Dans les canons vite et vite,
Par la gueule ou par l'anus !

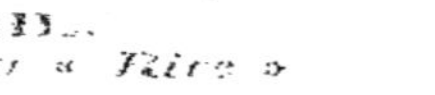
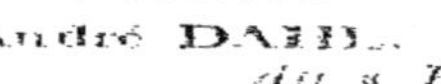

Tout homme qui se respecte
Doit, avant des temps meilleurs,
Se convertir à la secte
Des vrais derviches tourneurs !

Qu'on mobilise avec flamme,
Puisqu'on se trouve aux abois,
Et les tours de Notre-Dame,
Et même le tour au Bois.

Et que chacun dans sa chambre
Pense, dès l'heure du tub,
A s'inscrire comme membre
De ce nouveau Touring-Club !

Tournons vite, encore plus vite,
Les obus bourrés de lyddite,
Sombres comme des marmites
Luisant comme des zibus.

Et gardons cet axiome
Qu'un matin les temps viendront
Où tous ces tours, à Guillaume,
Joueront un tour... de cochon !

André DAHL.
du « Rire »

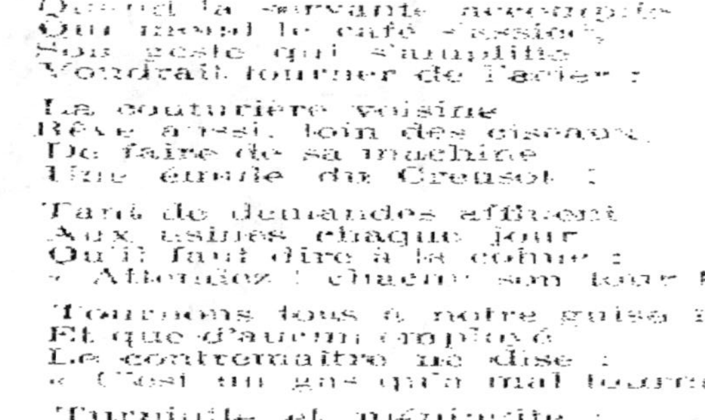
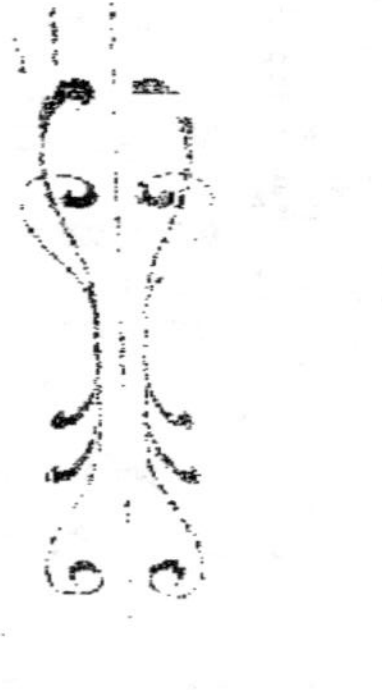

— Vous voulez travailler à la fabrication des obus ? Qu'étiez-vous donc avant la Guerre ?
— ...: Derviche tourneur !

Dessin de Ray. ORDNER
(Cliché du « RIRE »)

La grandeur et la beauté de l'idéal, le courage et le dévouement surhumain des peuples demandent à être secondés par l'abondance des canons et des munitions.

JEAN FINOT,
Directeur de la REVUE.

Jour et nuit, en tous lieux, il faut intensifier *la guerre des usines*, il faut produire encore, produire toujours.

Et nous le pouvons !

Le salut de la Patrie l'exige !

Quand l'heure aura sonné de jeter tout ce fer, tout ce feu sur l'ennemi et de s'élancer, il faudra que notre production de guerre déferle vers le front, non comme une vague qui vient mourir au rivage, mais comme une marée irrésistible et furieuse qui monte et qui submerge tout !

Jacques-Louis DUMESNIL,
député de Seine-et-Marne,
rapporteur de la commission du budget.

CONCLUSION

que suggère à un journaliste neutre Roumain une visite dans les usines de guerre de France.

J'ai fait une excursion ou plutôt une rapide promenade dans les usines de guerre françaises en compagnie d'un grand nombre de nos confrères journalistes des nations alliées et neutres.

Personne n'aura la naïveté de croire que nous avons inspecté les usines françaises avec l'intention mathématique de compter les armes, les projectiles que produisent ces usines pour, ensuite, à l'aide de quelques multiplications et de quelques hypothèses, en arriver à un total de fusils, de canons, de mitrailleuses et d'obus. Un tel travail de notre part eût été la preuve d'une excessive simplicité d'esprit. Ce qu'on nous a donné l'occasion d'observer, c'est l'esprit nouveau qui a pénétré toute la nation française, la conception nouvelle que les Français se sont faite, enfin, du caractère, nouveau dans l'Histoire, de cette guerre gigantesque. J'ajouterai qu'on nous a laissé entrevoir la mesure dans laquelle la force productrice de ce grand peuple est capable de satisfaire aux conditions de cette lutte.

En d'autres termes, nous avons été mis à même de constater les résultats de la campagne de M. Charles Humbert, le personnage le plus représentatif de cette guerre industrielle, dont le fameux cri d'alarme : « Des canons ! Des munitions ! » a comme indiqué le tournant nouveau de la guerre européenne. Personne ne saurait comprendre complètement le sens de la campagne de M. Humbert, à moins de pouvoir toucher du doigt, comme Thomas l'Incrédule, la réalité de ses conceptions, car il n'était pas seulement question de canons et de munitions lorsqu'il commença sa campagne.

Prise à la lettre, cette formule ; « Des canons ! des munitions ! » eût pu mener aux résultats les plus erronés et les plus fantastiques, et je ne puis m'empêcher de me rappeler souvent les réflexions de tel de mes confrères qui, voyant un jour, sur le front, les provisions énormes de canons et de munitions qui s'y accumulent depuis des mois, prétendait que, demain, cette artillerie de plus en plus formidable et perfectionnée serait mue par des machines, que la guerre ne deviendrait plus absolument qu'un duel d'artillerie, enfin que l'homme, finissant par disparaître complètement de ces opérations, le fantassin subirait bientôt un sort semblable à celui du cavalier et n'aurait plus qu'à se retirer dans les usines. A ce moment d'effervescence, certains spécialistes n'étaient pas loin d'admettre que l'accroissement fabuleux, presque paradoxal du stock de munitions et de bouches à feu, réclamé par la presse de tous les Alliés, était un cas de folie collective, relevant d'abord des psychiatres.

Eh bien ! non ! Cette visite dans les usines nous a, comme je le disais au commencement, complètement éclairés. « Des canons ! des munitions ! » Cette formule ne signifie pas seulement des projectiles et des canons en nombre considérablement supérieur à celui de l'adversaire, ainsi qu'on le croit communément ; elle signifie plus généralement le développement harmonique de tous les éléments du combat, le souci constant de mettre la matière à la disposition de la volonté humaine, l'application de ce principe qui domine tout l'art de la guerre : l'em-

ploi et le plus intense possible de chacun des
éléments du succès. Quand Charles Humbert
crie à satiété : « Des canons ! des munitions ! »
il ne veut, au fond, qu'encourager l'audace de
chacun à aborder les problèmes techniques
dans un esprit qu'aucune invention ou
qu'aucune initiative n'étonne, et qui eût fait
accueil même aux conceptions d'un Jules Verne.

Les Allemands se sont soumis à cette méthode
avant les Français, c'est indéniable. Mais j'ai
l'impression que c'est l'aiguillon du génie
français qui les y a soumis, et l'on pourrait dire
sans paradoxe que Charles Humbert, voulant
armer la France, est arrivé à ce facheux résultat
de trop bien armer d'abord l'Allemagne. Tel
est, en effet, hélas ! le sort de ce pays de travailler pour les autres et de ne profiter qu'après
eux de son travail. Le submersible, l'aéroplane,
l'automobile sont les fruits du génie français
et sont devenus le bénéfice de l'industrie allemande. Relisez tant d'articles de Charles Humbert datés d'avant la guerre, revenez à ses pro-
testations, à ses incitations et jusqu'à ses contra-
dictions ; constatez avec quelle curieuse coïnci-
dence les progrès majeurs de l'armée allemande
s'en sont suivis au cours de ces dernières années:
vous en arriverez bien vite à cette conclusion
pénible que les succès provisoires de l'Allemagne sont dus aux excitations du génie français.

N'allons, cependant, pas faire de M. Charles
Humbert un prophète solitaire ; non, il est pour
ainsi dire la voix commune, le bon sens commun de l'esprit français.

Il serait naturel de se demander pourquoi la
France n'a pas profité d'abord de vues aussi précieuses. C'est une discussion qui n'a pas sa place
ici. Ce qui nous intéresse, c'est de savoir si, enfin, après un an de guerre, après une propa-
gande si énergique, les cerveaux français ont
accompli la révolution nécessaire et si la vérité
prêchée par un Charles Humbert, avec une vio-

lence nécessaire, a réussi à réfléchir enfin vers leurs sources les lumières de nos inventeurs. C'est ce que nous sommes allés examiner dans les usines, et le résultat de cet examen est tout à fait satisfaisant. Oui, ce fut une vision réconfortante que celle de cette race, si habituellement éloignée des profits immédiats, résolue, enfin, à se plier à une méthode de travail qui, pour n'avoir rien d'allemand, s'est pourtant définitivement éloignée d'un idéalisme fécond en déceptions.

L'esprit de Charles Humbert a enfin triomphé, même en France !

Je ne crains pas de me répéter. Il n'est pas seulement question ici de canons et de munitions, il y est question de tout ce qui se rapporte aujourd'hui à l'art de la guerre : les anciennes armes et les nouvelles, et même les futures qui ne sont encore que probables. C'est ce vaste ensemble que contient la formule de M. Humbert ; et au cours de notre visite documentaire, j'ai pu constater que l'auteur lui-même de cette formule serait bien incapable d'en exprimer tout le contenu, aussi bien que tel homme du métier dont il a été l'inspirateur.

Certes, on fabrique dans les usines françaises des obus de tous calibres ; — j'ai éprouvé, par exemple, une véritable satisfaction à contempler un vaste entrepôt d'obus dont le rôle vaudra celui des 420 allemands ; — mais la fabrication n'est pas limitée à ces éléments primordiaux de la guerre : toutes les pièces démonétisées, susceptibles d'une nouvelle utilisation, reçoivent ici un traitement nouveau. Une des préoccupations dominantes de ces ateliers est la construction des machines et des outils qui serviront à l'installation de nouvelles usines de guerre. L'Allemagne a peut-être un pareil outillage tout prêt d'avance, mais je ne crois pas, en tout cas, que son organisme industriel ait la souplesse extraordinaire de cet outillage improvisé par la France. L'ingéniosité des ouvriers français, leur esprit de prompte assimilation est capable de donner, à chaque instant, à l'état-major, ce qu'il demande et, en même temps, de lui proposer sans cesse de nouveaux perfectionnements. C'est ce qui fait le caractère de nos constatations.

Puisque le caractère de cette guerre se transforme sans cesse, il fallait aussi que l'usine mise au service de la guerre fût capable de se transformer parallèlement, malgré la rigidité habituelle de tout organisme usinier. En France, où l'usine est surtout routinière, c'était un ennemi de plus à vaincre que la routine ; et elle a été vaincue. S'il ne faut, aujourd'hui, à la France que des obus et des canons, toutes les machines françaises, devenues souples autant qu'harmonieuses, sont capables d'en donner. S'il lui faut, demain, des blindages, des coupoles, des tourelles, les mêmes machines les donneront. Ce système a pour base l'accommodement immédiat. Telle est l'idée qui a présidé aux installations de cette année héroïque, et l'on peut affirmer sans crainte que l'outillage français est devenu capable désormais d'un rendement de plus en plus vaste et divers.

Et pourtant la guerre avait été la source de terribles déficits : ainsi la matière première est plus rare et plus chère ; un grand nombre d'usines appartiennent aux territoires envahis, un grand nombre des ouvriers ont été mobilisés. Mais, peu à peu, ces déficits se réparent, les mers demeurent libres pour la France, de nouvelles usines se construisent, des ouvriers étrangers appartenant aux pays neutres viennent prêter leurs bras à ce noble pays, puisqu'ils ne peuvent lui donner leur sang en témoignage de reconnaissance. A ce propos, qu'il me soit permis de donner un conseil à telles nations neutres qui, n'ayant pas le courage de se jeter dans cette fournaise dont le reflet effraye peut-être les étoiles, prétendent pourtant réaliser leur rêve d'extension, à grand renfort de subtilités diplomatiques : qu'elles envoient ici des ouvriers pour combler les vides des anciennes usines et pour en mettre en marche de nouvelles. Ce concours du cœur et des bras méritera peut-être une meilleure récompense que l'activité diplomatique un peu hasardeuse dont nous parlions tout à l'heure.

Quoi qu'il en soit, l'industrie métallurgique française, qui satisfait aux besoins du marché de l'intérieur, du marché de colonies, et qui occupait une place modeste à côté de l'industrie allemande sur tous les autres domaines, cette industrie fleurit de nouveau. Le monde avait renoncé à compter avec elle ; à cause du développement gigantesque de la métallurgie allemande, l'industrie française était considérée comme inerte ; mais elle vient de prouver qu'elle vivait toujours.

Le monde n'avait oublié qu'une chose ; c'est que c'est en France que le machinisme avait fait son apparition effrayante et que c'est ici, d'abord, qu'il avait pulvérisé l'ancienne organisation ouvrière. Le monde avait oublié que c'est dans les usines françaises que le capital enhardi avait d'abord cherché des bénéfices considérables et que le mouvement ouvrier et les organisations ouvrières nouvelles, qui ont transformé le monde, étaient, en somme, nés ici, de ce procès nouveau entre le capital et le travail. Il avait oublié qu'au voisinage de ces usines, qui noircissaient de leurs fumées un nouveau ciel, étaient nés une littérature nouvelle, des hommes, des doctrines sociales et une politique nouvelles, où les artistes avaient trouvé des inspirations neuves ; enfin, que toute l'activité humaine avait fait comme un apprentissage sur le sol de la France, à la chaleur de ses grands fours qui fondaient l'acier par milliers de tonnes et épouvantaient tout un peuple étonné par la dépense d'énergie et les miracles de labeur qu'il accomplissait grâce à eux.

Aujourd'hui, ce tableau d'une France industrielle se surcharge encore. Des centaines de mille de chevaux-vapeur produisent une énergie illimitée pour mouvoir les bras d'acier, les palettes, les turbines, les laminoirs, les marteaux-pilons, les presses hydrauliques qui écrasent, étirent et modèlent l'acier rouge. Les horloges mesurent l'intensité et la régularité du travail de chaque machine et de chaque homme avec une inflexibilité qu'on n'avait pas encore connue. Qu'on me permette de donner ici un exemple de cette activité intensifiée. L'ogivage d'un obus, dans une usine que j'ai visitée, se fait en deux temps, chacun d'une demi-seconde, et, par conséquent, la manœuvre totale est d'une seconde. Autrefois, l'ouvrier, obligé à cette hâte, se serait affolé ou bien aurait saboté sa machine en criant : « Sus au capitalisme ! » Il travaille aujourd'hui, joyeux de se soumettre à la discipline qu'on exige de lui ; il sait que c'est pour la patrie, et les montagnes d'obus se superposent les unes aux autres.

Voilà les impressions que je rapporte de ma visite dans quatre grands centres industriels.

En concluant, je dois remarquer encore que toutes ces transformations de l'industrie française n'en est qu'à ses débuts.

Dans une certaine usine, j'ai vu des femmes qui tournaient les obus avec une maîtrise et une rapidité surprenantes. Je leur ai demandé depuis combien de temps elles se livraient à ce travail ; elles m'ont répondu : « Depuis trois jours. » Ailleurs, les moteurs ne s'arrêtent plus que pendant six heures par semaine. Mais, depuis quand ? Depuis un mois. Dans une autre usine où l'on charge de mélinite les obus de gros calibre, le pavé et les murs sont encore humides de plâtre : on y travaille depuis quatre jours et la construction de l'usine n'a commencé qu'il y a

FOUR A GAZ SERVANT A CHAUFFER LES TRONÇONS D'ACIER APRÈS LEUR FORAGE

Cette opération est nécessaire pour faciliter la formation de l'ogive du projectile au moyen d'un pilon puissant ou d'une presse hydraulique d'assez fort tonnage.

(Cliché de « La Science et la Vie »)

LA FORMATION DE L'OGIVE A CHAUD

Pour cette opération, on chauffe au rouge l'une des extrémités de l'ébauche ; on la place ensuite dans un moule dont le fond présente intérieurement la forme de l'ogive. Il suffit d'appuyer avec la presse sur l'autre extrémité pour former cette ogive. (Cliché de « la Science et la Vie » quarante jours. Que sera-ce donc demain, dans un mois, et sur tout le territoire de la France ?

C'est une joie pour moi d'affirmer en terminant que, dans l'offensive de demain, la France sera pourvue d'une armure complète et souple, et d'un stock de munitions si inépuisable qu'elle pourra d'un coup libérer son territoire et imposer la paix.

UN HOMMAGE

du Général JOFFRE,
aux ouvriers-soldats des usines
de guerre

Grand quartier général, 23 septembre 1915.
Ordre général n· 43

Soldats de la République,

Après des mois d'attente qui nous ont permis d'augmenter nos forces et nos ressources, tandis que l'adversaire usait les siennes, l'heure est venue d'attaquer pour vaincre et pour ajouter de nouvelles pages de gloire à celles de la Marne et des Flandres, desVosges et d'Arras.

Derrière l'ouragan de fer et de feu **déchaîné grâce au labeur des usines de France, où vos frères ont nuit et jour travaillé pour nous,** vous irez à l'assaut tous ensemble, sur tout le front, en étroite union avec les armées de nos alliés.

Votre élan sera irrésistible.

Il vous portera d'un premier effort jusqu'aux batteries de l'adversaire, au delà des lignes fortifiées qu'il vous oppose.

Vous ne lui laisserez ni trêve ni repos jusqu'à l'achèvement de la victoire.

Allez-y de plein cœur, pour la délivrance du sol de la patrie, pour le triomphe du droit et de la liberté.

JOFFRE

M. Albert THOMAS
explique notre victoire

Interviewé par le **Times,** M. Albert
Thomas, sous-secrétaire d'Etat aux munitions, a déclaré :

« Le succès des batailles livrées en Artois et en Champagne prouve trois grandes choses :

» 1° Que le mouvement pour la mobilisation industrielle en France a fait œuvre réelle, solide, ne se bornant pas à
des phrases et des articles de journaux
et n'ayant pas abouti seulement à une
accumulation de paperasses administra-
tives :

» 2° Que le travail nécessaire fut effec-
tué comme il convenait et qu'il a fourni
à l'armée la quantité d'obus nécessaire
pour une attaque à fond :

» 3° Que le seul moyen de battre l'ennemi est d'arroser ses lignes d'une pluie
d'acier et de puissants explosifs.

» Si ce succès prouve l'efficacité de
notre effort et de l'effort anglais, il mon-

tre plus clairement même que nous ne le pensions la nécessité pour nous de persévérer dans cette voie.

» On peut dire que les besoins de l'armée, en canons, en obus, en munitions, ne seront complètement satisfaits que lorsque l'industrie des alliés aura donné son maximum d'énergie.

» Nos exploits en Champagne, ceux des magnifiques troupes anglaises en Artois ne sont qu'un premier pas vers la victoire finale. Nous avons à ensevelir sous des torrents d'obus beaucoup d'autres lignes fortifiées qui nous séparent encore de la frontière allemande et du triomphe. »

DES CANONS !

DES MUNITIONS !

Les Allemands ont eu sur notre front, depuis janvier-février environ, une supériorité assez marquée en mitrailleuses. Ils ont accumulé dans leurs tranchées des machines à tirer, hâtivement construites, « à la grosse », pour y remplacer le plus d'hommes possible, partant pour drainer sur notre front le plus d'hommes possible, à seule fin de les envoyer se faire tuer sur le front russe.

De cet examen très impartial ressort donc nettement un seul fait : depuis janvier-février les Allemands ont augmenté le nombre de leurs mitrailleuses dans les tranchées. On ne saurait munir notre armée de trop de matériel ; il nous faut au front des fils de fer, des pics, pelles et pioches, des mines, des pétards, des « minenwerfer », des fusils, des mitrailleuses et des masses colossales de munitions, de l'artillerie lourde, des aéroplanes, etc, etc... Nos ennemis en sont étonnamment munis. Chez nous, cela commence à affluer. Mais il faut, pour les mitrailleuses comme pour le reste, que cet effort soit continué, car le matériel s'use et il faut le remplacer.

Heureusement, à l'armée, nous avons tous confiance dans la reconnaissance de notre industrie militaire. Le vibrant et patriotique appel du général de Maud'huy, il y a deux ans à peine encore colonel à ma brigade, doit être et sera entendu.

CAPITAINE P... P....